宇宙に終わりはあるのか?

Does the Universe have an end?

素粒子が解き明かす宇宙の歴史

村山 斉

ナノオプトニクス・エナジー出版局

まえがき

今、私たちの宇宙の理解は革命的に変わりつつあります。この本はその雰囲気を少しでも多くの方にお伝えできれば、と考えて作りました。高校生以上で宇宙や素粒子の世界に興味のある方には楽しんでいただけると思っています。

昔は人間が宇宙の中心にいて、太陽も星も人間中心に回っていると考えられていました。ご存知の通り、この天動説は地動説に取って代わられ、地球が太陽の周りを回り、地球の自転のために星が動いて見えるのだとわかりました。これは私たち人類にとって、自然観・宇宙観の革命的な変更でした。それでも、宇宙は私たちの身体や身の周りのものと同じ「原子」でできていると考えられてきました。実際、学校では「万物は原子でできている」と教わります。原子を調べれば宇宙が理解できる、そう思って20世紀の間研究者は頑張ってきました。原子から原子核、そしてクォークへという素粒子物理学のすさまじい発展で「標準模型」というすばらしい理論ができ、そろそろ解決が見えてきた、と思われていたのが20世紀の終わりのことです。

ところが1998年、2003年と大発見が続き、「原子は宇宙のエネルギーの4・4%にすぎない」ということがはっきりしました。残りの95%以上はまだ誰も知らない未知のもの、暗黒物質と暗黒エネルギーなのです。そして暗黒物質は宇宙の始まりと進化、暗黒エネルギーは宇宙の運命のカギを握っていることがわかりました。しかも、宇宙が生まれて原子よりも小さかった時代のミクロな

「ゆらぎ」と暗黒物質がなくては私たちは生まれず、今こうして本を読んでいることもなかったのです。

こうして小さな小さな世界の素粒子と、大きな大きな宇宙が結びつきました。そして「宇宙に終わりはあるのか？」「宇宙は何でできているのか？」「宇宙の始まりはどうだったのか？」という素朴な疑問に迫れるようになってきたのです。

このような宇宙の大きな謎に挑むには天文学、素粒子物理学、数学の専門家を揃えなければなりません。そこで２００７年10月、東京大学にＩＰＭＵ（数物連携宇宙研究機構）という新しい研究所を発足させました。常勤の研究者が約90人、半分以上が外国人というユニークな研究所です。この本にはＩＰＭＵの仲間も登場します。

この本では宇宙の未来を支配する暗黒エネルギーから時間をだんだん遡り、私たちが「星のかけら」であること、素粒子のスープで暗黒物質が生まれたこと、そして宇宙の初めのインフレーションへと駆け足で見ていきます。途中で少し難しくなったら、最後の章に一度飛んで、後から中ほどに挑戦してみてください。それぞれの章も最初と最後だけ読めば次の章へ進めるように工夫しました。絵もたくさん入っていますので、途中ぱらぱらと見るだけでも楽しいのではないでしょうか。

最後に辛抱強くつきあっていただいた編集の石井さん、内容や図版の著作権をチェックして下さった榎本さん、そしてアメリカにいる家族に感謝して、この本を皆さんにお届けしたいと思います。

Enjoy!

２０１０年10月　村山　斉

目次

第1章　宇宙に終わりはあるのか？

私たちは日頃、「宇宙に終わりはあるのか?」などとは、あまり考えずに生活しています。私には子どもが3人います。子どもがいると「今晩何を食べさせようか」とか、「学校の宿題をちゃんとやっているか」といったことのほうが気になります。日々いろいろと心配事がありますが、本章はそれらを少し脇に置いて、100億年先のことを考えましょうという内容です。

子どもの頃には、皆さん空を見上げてたくさんの素朴な疑問を抱かれたのではないでしょうか?「大きな宇宙はどうやって始まったのだろうか?」「この宇宙は何でできているのだろうか?」「どうしてこの大きな宇宙に私たちがいるのだろうか?」等々。このような素朴な疑問は、何千年も昔から人類が考えてきたことだと思います。これらは長い間哲学の守備範囲だったのですが、技術や理論、それを支える数学が進んだことによって、最近は哲学から科学の範疇に入ってきました。もちろん考え方の進歩は簡単に起こったわけではありません。たくさんの偉人が業績を残してくれたおかげで、いろいろなことがだんだんとわかってきたのです。

宇宙という書物は数学の言葉で書かれている

ガリレオ・ガリレイのこんな言葉があります。「宇宙という書物は数学の言葉で書かれている」。この言葉を文字通り受け止めた研究者たちが集まり、「宇宙を理解するために、数学と物理を結集しよう」とIPMU(数物連携宇宙研究機構)をスタートしたのです。

最近はテクノロジーが進歩したので、今まで考えることもできなかったような観測や実験ができるようになりました。その結果、驚くべきデータが得られ、宇宙に対する私たちの考え方が革命的に変化してきています。新しいテクノロジーに加えて、新しい数学理論の手法を用いて宇宙を解明できる、わくわくする時代になってきたのです。

図1・1はハッブル望遠鏡で撮った写真で、長い時間露出をかけて、ものすごく遠い銀河までを撮ったものです。この写真を見ると、「宇宙は本当にきれいだな」と思います。写っているのはほとんどが銀河です。しかし、私たちが「きれいだな」と思って眺められる星や銀河といったものは、実は宇宙全体のたったの0・5％でしかなく、それ以外は目には見えないものが占めているのです。

図1・1　ハッブル望遠鏡で観測した数十億光年先の銀河
（Credit: NASA, ESA, S. Beckwith (STScI) and the HUDF Team）

その「見えないもの」の内訳がいくつかわかっています（**図1・2**）。まずはニュートリノ、これは他のものとなかなか反応しないお化けのような素粒子、つまり小さな粒々です。この素粒子については第2章以降で詳しく説明します。日本のスーパーカミオカンデの実験により、このニュートリノに少しだけ重さがあることがわかりました。すべて集めると宇宙全体の0・1～1・5％くらいあります。見えないニュートリノが、星や銀河と同じくらいあるというだけでもびっくりします。その次にあるのが原子です。水素やヘリウムといった原子をすべて集めると、宇宙全体の約４・４％になります。しかし、すべての原子を集めても全体のたった４・４％にすぎません。

残りは暗黒物質と暗黒エネルギーと呼ばれているもので、それらで宇宙は満たされています。暗黒物質は宇宙全体の22％を占めています。そして一番多いのが暗黒エネルギーで、これはなんと宇宙全体の73％をも占めています。これらは正体が何だか全然わからないものですが、ともかく存在するということだけははっきりわかってきました。「なぜこんなものがあるのかわからない」というものがあるのも不思議ですが、確かに存在するのです。それとは逆に、「宇宙にはこういうものがあるはずなのに、実際にはない」というものもあります。それは反物質です。どんな物質にも、重さが同じで電気などの性質が反対の「反物質」が存在します。これは実験室で人工的につくることができ、宇宙の始まりにもたくさんつくられたに違いないのですが、なぜか今の宇宙にはないのです。

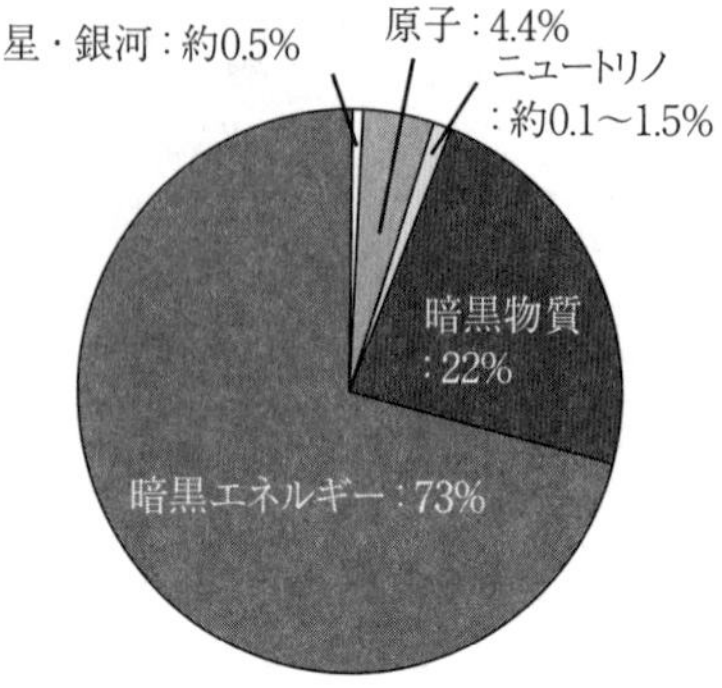

図１・２　宇宙にあるエネルギーの内訳

暗黒物質と暗黒エネルギー、この二つが宇宙の始まりと宇宙のこれからの運命——宇宙に終わりがあるのか、ということについてのカギを握っています。私は物理を専門にしていますが、アメリカのバークレー（カリフォルニア大学バークレー校）で生物や化学を専門にしている人にこういう話をすると、「そんな、目にも見えずわけもわからないものを研究していたって何の役にも立たないし、第一そんなもの永久にわかるわけがない」といつも馬鹿にされます。そういう時には必ず「いや、そんなことはない。物理学者には目に見えないものを研究してきた経験がある。インビジブル（invisible＝目に見えない）なニュートリノだ」と言い返しています。

ニュートリノの存在は１９３０年代にヴォルフガング・パウリが予言しました。けれども、パウリ自身が予言したことを後悔したくらい、絶対に捕まえることができないと当時は思われていました。全く何も感じていないと思いますが、読者の皆さんの身体を、毎秒何十兆個ものニュートリノが通り抜けています。余談ですが、アメリカで講演するとき、「太陽から来るニュートリノの風を感じられる方はいらっしゃいますか？」と訊くと、必ず数人の方が手を挙げます（笑）。

ニュートリノは身体を通り抜けても感じないくらいで、本当に反応してくれません。そのニュートリノを、日本の岐阜県飛騨市神岡町（旧吉城郡神岡町）にある実験装置スーパーカミオカンデによって、捕まえることができるようになりました。捕まえるだけでなく、さらにそれをツールとして使うこともできるようになっています。**図１・３**は、スーパーカミオカンデがある地下１０００ｍの真っ暗闇の中で、ニュートリノを使って撮った太陽の写真です。光は全く使っていませんが、太陽から放出されるたくさんのニュートリノを捕まえることで、写真が撮れるようになりました。

もちろん、この背景には２００２年にノーベル賞を受賞した小柴昌俊さんのような先人による、偉

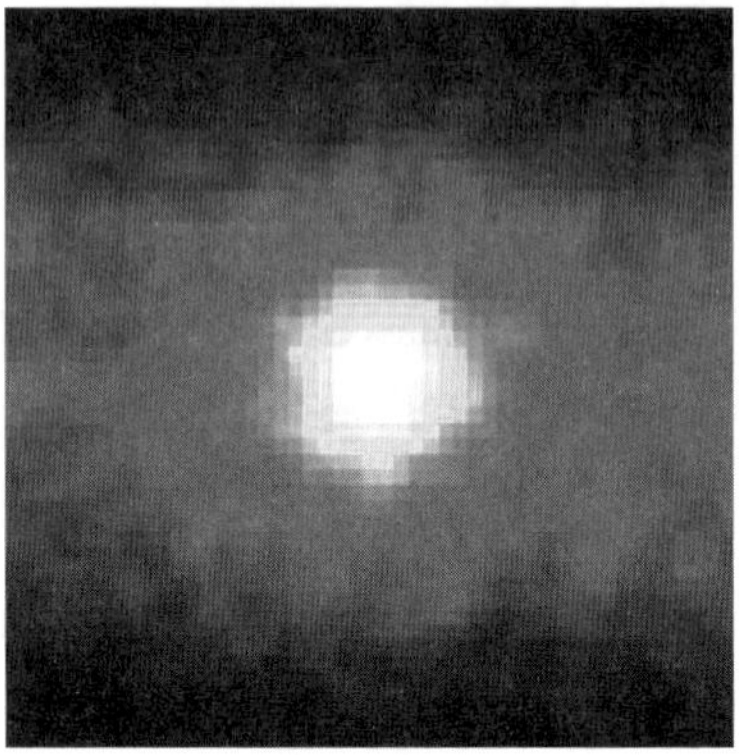

図1・3　ニュートリノで撮影した太陽
（Credit: R. Svoboda, University of California, Davis（Super-Kamiokande Colaboration））

大な仕事があります。

　このように物理学者はインビジブルなものをインクレディブル（incredible＝素晴らしい）なものに変えてきました。私たちは今後もこの伝統を続けようとしています。暗黒物質、暗黒エネルギーの正体は全然わかっていませんし、目にも見えないものですが、何とかその正体を明らかにしたいと考えています。

宇宙とは単なる入れ物ではない

　宇宙はビッグバンで始まり、ずっと膨張し続けていると言われています。ではなぜ宇宙が広がっていることがわかるのでしょうか？　原理は、救急車のサイレンの音が、近づいてくるときには高く聞こえ、離れていくと低く聞こえるというドップラー効果と同じです。光でも同様のことが起きます。星が離れていくと、音の高さが低く聞こえるのと同じように、色が変わって見えるのです。

　遠くに黄色い星があるとします。その星が遠ざかっていると、黄色いはずの星が赤く見えます。

これを専門用語で「赤方偏移《せきほうへんい》」と言い、ドップラー効果と同じ原理です。遠くの銀河を実際に観測してみると、確かに本来の色よりも赤くなっており、遠くの銀河は私たちから遠ざかっていることがわかります。ではそれがなぜ、宇宙全体が大きくなっていることにつながるのでしょうか？

アインシュタインは「宇宙とは単なる入れ物ではない」ということを私たちに教えてくれました。私たちは宇宙に対して、ガッチリした箱の中にぽつんぽつんと星があるというイメージを持っています。しかしアインシュタインは、実はその箱自身が生きていて、箱の中の空間は運動するのだと言うのです。箱である宇宙が、曲がったり、ねじれたり、広がったりできるのですから、宇宙全体が大きくなることはあり得ます。遠くの銀河が遠ざかって見えるのは、空間自身が大きくなっているからだと考えられます。

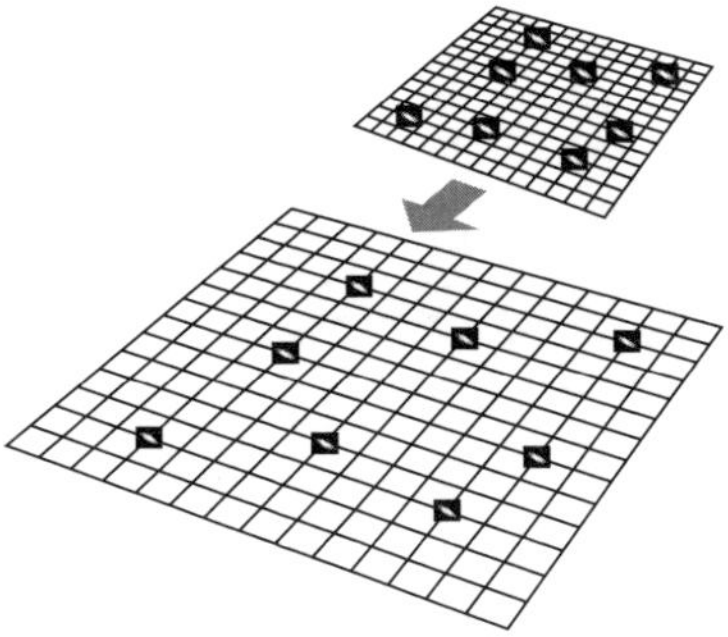

図1・4　広がる宇宙
どこが中心というわけではなく、全体が広がっている。

宇宙という箱が図1・4のように格子状になっていて、銀河はその格子目に乗っていると考えてください。宇宙自身が大きくなるということは、一つひとつの格子目が引き伸ばされていることになります。例えば、最初私たちは図の左下にいて右上にある銀河を見ているとします。次の瞬間には格子目が引き伸ばされ、お互いの距離が広くなります。すると同じ位置にいても、遠くの銀河が私たちからだんだん遠ざかっているように見えます。遠くの銀河は、私たちを嫌って離れて行っているのではなく、箱自身が大きくなっているので遠くなっているように見える、すなわち宇宙が膨張しているのだということがわかってきたのです。

宇宙が広がっているならば、太陽と地球、あるいは地球と月との間の空間も、同じように広がっているのかと疑問を持たれるかも知れません。結論から言うと、太陽と地球の距離は変わりません。宇宙全体としてみればマス目はどんどん広がっているのですが、太陽と地球とは重力によって引き合っています。図１・４で表すと、平面の格子目が太陽の周りだけボコッとへこんでいる状態を想像してみてください。そのへこみに地球を入れると太陽の周りをクルクルと回るという構造になります（図１・５）。どのくらいへこむかは太陽の重さだけで決まるので、全体の格子目が大きくなっていっても、へこみ具合は同じです。だから地球と太陽の距離は同じままで、宇宙全体だけが広がっていきます。つまり、重力で引き合っている部分はそのままで、引き合っていない遠くのものはどんどん遠ざかっていくのです。

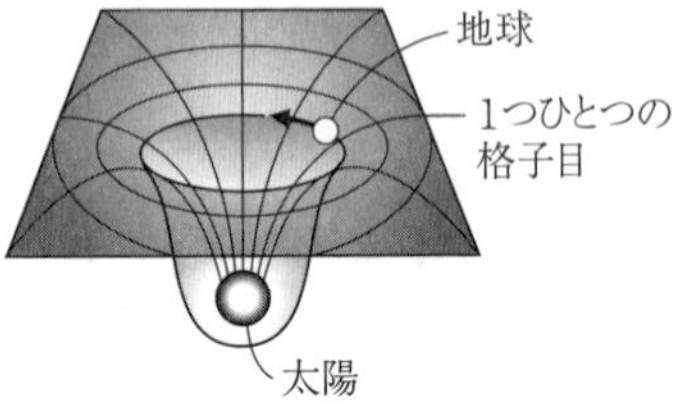

図１・５　重力によって引き合う太陽と地球

風船を膨らませて空に上げると、どんどん大きくなって中の空気が冷めていきます。同じように、宇宙も大きくなるにつれてだんだん冷たくなっていきます。宇宙ははるか昔、小さくて熱いものでした。さらに昔に遡った本当の始まりは、ビッグバンというものすごく熱い火の玉でした。銀河の観測から、宇宙はビッグバンから始まったに違いないという仮説が立ちます。なぜそれがわかるのかというと、証拠があるからです。

人工衛星（図１・６）を飛ばして、ビッグバンが起きて熱かった頃の宇宙が放った光を見ようと試みたところ、宇宙の全く何もないと思われている方向から「ビッグバンの残り火」が光として来ているのがわかりました。ビッグバンのときの本当に熱かった頃には、私たちの目に見える光（可視光）もあったのですが、その後どんどん宇宙が大きくなるにつれ、光も引き伸ばされて波長が長くなり、目に見えない赤外線になり、最終的には電波になりました。現在私たちに届いているのは電波、電子レンジで使われているマイクロ波です。

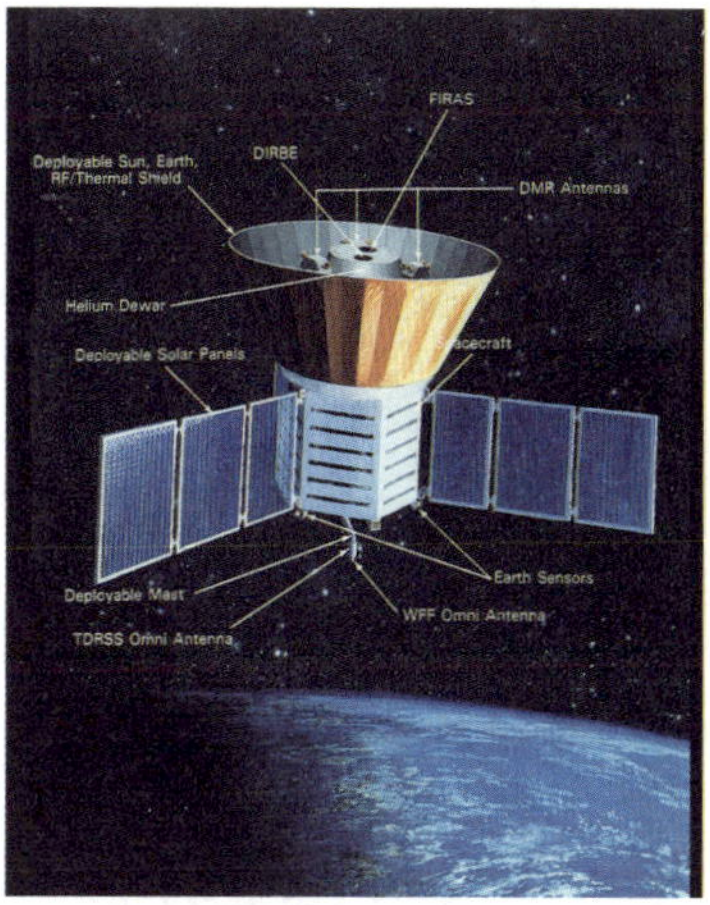

図１・６　ビッグバンの残り火を捕らえた人工衛星 COBE
（Credit: NASA）

このように宇宙は電子レンジの中のようにマイクロ波で満たされているのですが、それは宇宙が熱かった頃の「残り火」なのです。その精密な観測結果が図１・７です。計算による理論値と観測データの値がぴったり重なって、１本の線のように見えています。疑いの余地がなく、宇宙が非常に熱かったということを示しているデータです。

この研究の結果、私のバークレーの同僚のジ

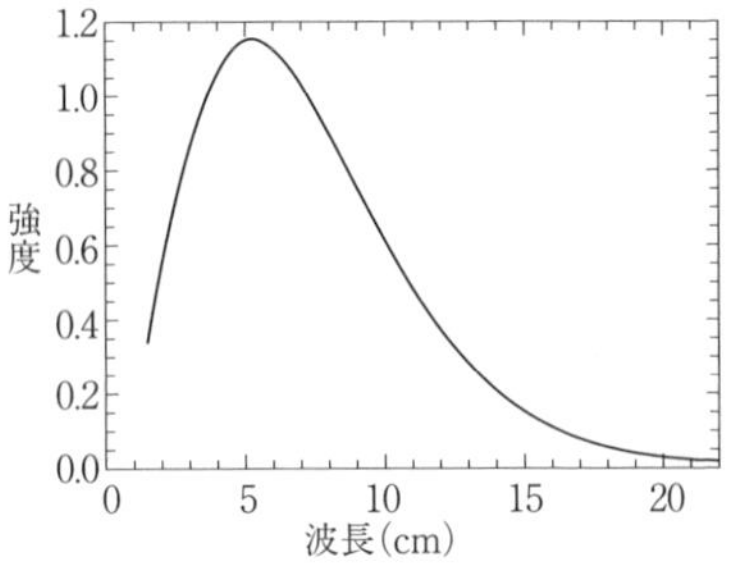

図１・７　宇宙マイクロ波の理論値
観測値を重ねてあるのだが、あまりによく理論値に合っていて、１本の線のように見えている。（Credit: NASA）

ヨージ・スムートとNASAのジョン・マザーがノーベル賞を受賞しました。ノーベル賞をもらう人は、特にアメリカ在住の場合、スウェーデンからの電話で真夜中にたたき起こされるそうです。スムートの場合、なぜか携帯電話にかかってきて、その電話をとった彼の第一声は「誰が私の携帯電話番号を教えたんだ！」という怒鳴り声だったそうです。しかし夜中に起こされて怒ったとはいえ、ノーベル賞受賞の報告ですから、翌朝冷静になってみると、やはり嬉しい。バークレーのキャンパスにはノーベル賞受賞者専用の駐車場（**図１・８**）があり、スムートは電話をもらって嬉しくなったので、大学へ行ってさっそくそこに車を駐めたそうです。すると駐車違反チケットを切られてしまいました。それは当然のことで、電話をもらっただけで、まだ受賞していなかったのですから。彼はそういったお茶目な人です。

スムートとマザーは、宇宙は確かにビッグバンで始まったのだということを示しました。ビッグバンの残り火が地球に届いているのだから、間違いなく宇宙は熱く始まり、**図１・９**のような歴史をたどっていると考えられています。ビッグバンで熱く始まった宇宙はどんどん広がって、今は宇宙年齢の１３７億歳頃だということがわかっています。ビッグバンの残り火は、宇宙年齢が約38万歳のときに出てきた光です。だから宇宙が38万歳の頃のことはわりとよくわかっていると言って良いでしょう。

では、もっと昔、本当の始まりはどうなっていたのでしょうか？　そこで登場するのが暗黒物質です。暗黒物質が、宇宙の始まりの頃を探るカギになっていると考えられています。

図１・８　バークレーのノーベル賞受賞者専用駐車場

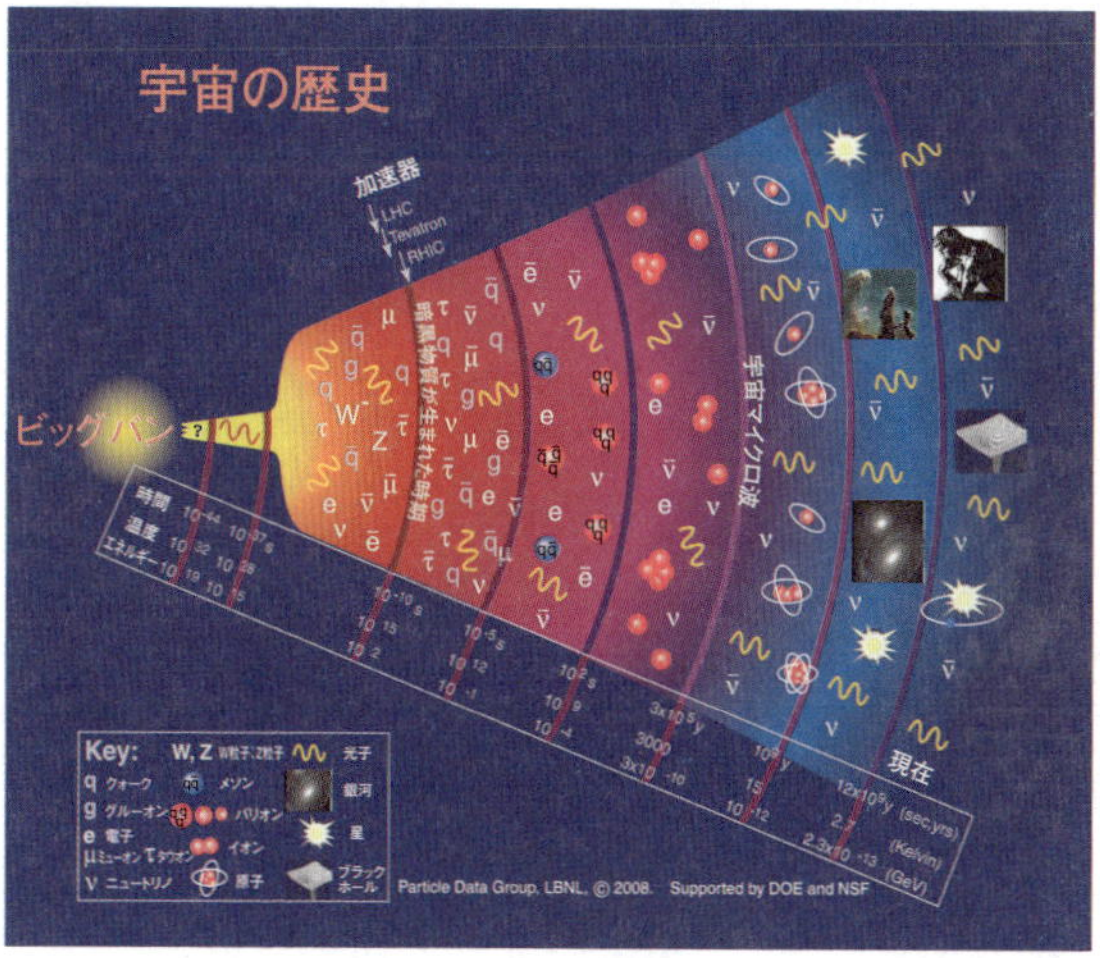

図１・９　宇宙の歴史
（Credit: C. Amsler et al.（Particle Data Group）, Physics Letters B667, 1（2008））

太陽系はなぜ銀河系を飛び出さない？

太陽系の中に私たちの地球があり、地球は太陽の周りを1年で1周しています。計算してみると驚くのですが、地球が太陽を回る速度はかなり速く、毎秒30㎞ものスピードです。こんなに速いスピードで回っていて、なぜ地球は外に飛び出していかないのでしょうか？

この答えは皆さんもご存じだと思います。非常に重い太陽の重力で、地球が引っ張られているからです。太陽には質量（重さ）があり、地球が毎秒30㎞の速さで回れるように引っ張ってくれているのです。

それでは太陽系全体はどうなっているのでしょうか？　私たちの太陽系は銀河系の端のほうにあり（**図1・10**）、やはり毎秒220㎞という猛スピードで銀河系の中をぐるぐる回っています。そんなスピードで回っていて、いったい何が私たちを引き留めてくれているのでしょうか？　銀河にあるたくさんの星をすべて数え、その質量をすべて合計しても、とても私たちがこんな速さで回れるほど引き留めていられる力はありません。実は宇宙には、目に見える星以外にたくさんの質量が詰まっていて、その重力が私たちの太陽系を銀河の中に引き留めてくれているのです。それが暗黒物質なのです。

この見えない暗黒物質を何とか見てやろうという研究をしている人が、ＩＰＭＵにもいます。も

図１・10　銀河系の中の太陽系の位置
（Credit: NASA/JPL-Caltech/R. Hurt（Spitzer Science Center））

図１・11　重力レンズ効果によってゆがんで見える銀河（青く見えるもの）
（Credit: HST）

ちろん直接見ることはできませんが、間接的に見る方法があるのです。銀河はたいてい１００～１０００個くらい集まって銀河団をつくっています。**図１・11**に写っている黄色の大きな丸が銀河団で、一つひとつの小さな丸は銀河です。青っぽい筋のようなものは、銀河団のさらにずっと向こうにある別の銀河が見えているものです。ところが、その光が何億光年もかかって私たちの望遠鏡に届くまでの間に、銀河団の重力に引っ張られて曲がってしまいました。学校では「真空中では光は直進する」と習います。しかし強い重力が引っ張ると光も曲がります。質量の固まりが、遠くから来る光をぐにゃっと曲げるレンズの役割をするのです。このとき、レンズがきれいでないと乱視のように像が変なふうにゆがんで見えてしまいます。図１・11の青っぽい筋のようなものも、実は一つの銀河がいくつもあるかのように写っているのです。このように一見何もないように見えるところにものがたくさん溜まっているおかげで、その重力で遠くの銀河の光が曲げられて見えることを、「重力レンズ効果」と言います。
遠くの銀河の光がどうやって曲げられたかということを調べれば、そこにどのくらいものがあるかがわかります。これを繰り返すことで、全く見えないにもかかわらず、図1・12のような暗黒物質の地図をつくることができるのです。ここでは望遠鏡で撮った写真に暗黒物質の濃淡を薄紫で重ねています。このように重力レンズ効果を使って濃淡を調べると「宇宙にはこのように暗黒物質が溜まっている」ということを示す地図ができる、そういう時代になってきました。

図1・12　暗黒物質の地図
(高田昌広氏　提供)

その一番ドラマチックな例が図1・13です。これは二つの銀河団が毎秒4500㎞という猛スピードで衝突した後の様子です。青い部分が暗黒物質で、赤い部分が普通の物質です。もともと暗黒物質と普通の物質は一緒にあったのですが、ガシャンとぶつかった後、普通の物質はグシャグシャと醜い反応を起こして後れをとってしまい、とぼとぼと暗黒物質の後を付いていっているという状況です。暗黒物質はこのような衝突があっても何事もなかったかのように、お化けのようにスルスルとそのまま通り過ぎてしまいます。非常にきれいな写真ですが、実はとても醜いことが起こった場所です。

図1・13　衝突する銀河団
(Credit: X-ray: NASA/CXC/CfA/M. Markevitch et al.; Optical: NASA/STScI; Magellan/U. Arizona/D. Clowe et al.; Lensing Map: NASA/STScI; ESO WFI; Magellan/U. Arizona/D. Clowe et al.)

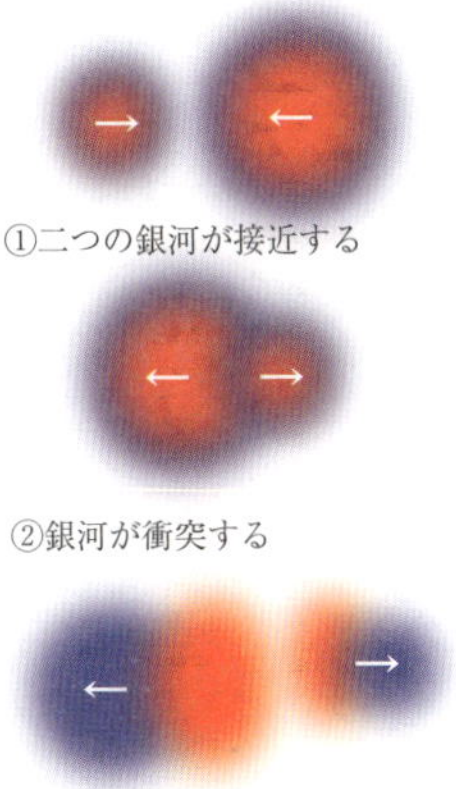

①二つの銀河が接近する
②銀河が衝突する
③暗黒物質は何事もなかったかのように通過するが、物質は遅れて付いていく

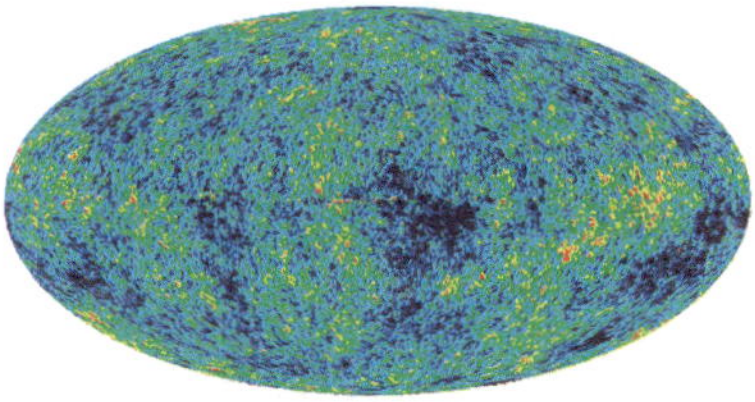

図1・14　ビッグバンの残り火の温度分布
赤いところが熱く、青いところが冷たい。とは言っても十万分の一ほどしか差がない。
(Credit: NASA/the WMAP Science Team)

宇宙に暗黒物質がたくさんあるという証拠はほかにもあります。先ほど述べたビッグバンの残り火を精密に観測すると、実は少しだけ熱いところと少しだけ冷たいところがあります。両者の差はほんの少しですが、このわずかな差がたくさんの情報を持っていて、データをきちんと調べることで、宇宙の物質の80％以上は普通の原子ではないということがわかるのです（**図1・14**）。

学校では「万物は原子でできている」と習います。確かに私たちの周りにある机や自分の身体などは、みんな原子でできています。しかし宇宙のほとんどは原子とは全く違う種類の物質でできているということがはっきりしてきたのです。暗黒物質というなんだか気味が悪いものがあって、しかも私たちは、その暗黒物質なしには存在し得ないということがわかってきました。

「暗黒物質とは何か?」といった難しい謎に直面した時に、物理学者はどうするのでしょうか? 先ほどガリレオの言葉を引用しましたが、テレビドラマの『探偵ガリレオシリーズ』には、湯川学という物理学者が登場します。『容疑者Xの献身』という映画にもなりました。これを観ると、「確かに、物理学者はこういうふうに反応するだろうな」と思える場面があります。謎があると物理学者は興奮します。謎ですから正解はわかりません。湯川学は「さっぱりわからない。実におもしろい。ふははっ、ふはははっ」と笑います。物理学者はあまりこういうふうには笑わないと思いますが、ともかく謎があると、自分が何とか解きたいと思って興奮するという「物理学者の性《さが》」という部分は当たっています。

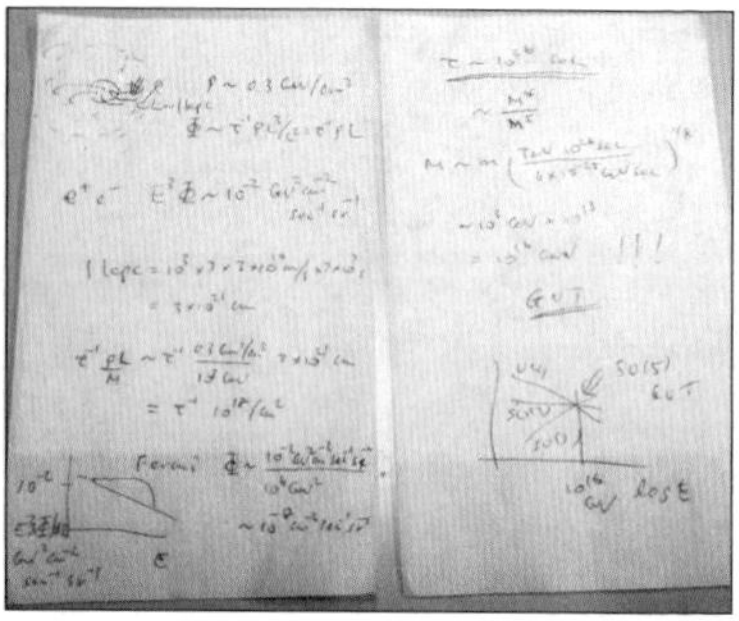

図1・15　物理学者の昼食時のナプキン

映画『容疑者Xの献身』で湯川学は、犯罪トリックを物理学者のあらゆる知識を使って何とか解き明かします。彼はパッとひらめく瞬間、そこら中に数式を書きます。ひらめいたということは、もしかしたらこれで謎が解けるかもしれないということなのですが、そこでは終われません。「こういうアイデアがある」と思いついたときには、式を使って正しいかどうかを確かめようとします。そんなことはあり得ないと思われるかも知れませんが、物理学者が集まってカフェテリアなどでお昼ご飯を食べるときに、ナプキンに計算を書き始めるというのは、よく見られる光景です。さすがに道路には書きませんが、そこら中にある紙を使って式を書き（図1・15）、問題をはっきりさせて最後は実証に結び付けようとします。ですから、この湯川学のシーンもあながち間違っているとは言えません。

暗黒物質も今のところ謎だらけですが、アイデアがパッと浮かんだ時にナプキンに計算することから始めて、だんだん理論を積み上げていって検証したいと思っています。

暗黒物質は弱虫

徐々にわかってきたことは「暗黒物質は弱虫である」ということです。先ほどニュートリノが毎秒何十兆という数で私たちの身体を通り抜けていると述べましたが、暗黒物質はニュートリノ以上にお化けのような粒子で、大きな地球をもスルスルと通り抜けています。「ほとんど反応しない」という意味で「弱虫（ＷＩＭＰ、ウィンプ）」とも呼ばれています。弱虫を英語で言うとWimpですが、これは掛け言葉で「ほとんど相互作用しない重い粒子」（Weakly Interacting Massive Particles）という言葉の頭文字をとっています。ＷＩＭＰはビッグバンのときにできた粒子だろうと考えられています。

第2章で説明しますが、アインシュタインは「エネルギーと質量は同じである」と言いました。したがって重い粒子をつくるには、たくさんのエネルギーをつぎ込む必要があります。暗黒物質が今まで実験室で見つかっていないということは、おそらく今までの実験ではつくり出せないほど重い粒子なのです。ビッグバンの時はとてつもないエネルギーがあり、暗黒物質のような重い粒子もできたに違いありません。これも第2章以降でも説明しますが、粒子ができるときには粒子と反粒子（粒子と重さが同じで、電気などの性質が逆のもの）がペアでできます。ところがこの二つは、出会うとものすごいエネルギーを出して互いに消滅してしまうのです。数が少なくなった上に宇宙が大きくなると、どんどん密度が薄まり、重い粒子同士が出会う確率がほとんどなくなります。互いに見つけることができなくなってしまえば、消えてなくなることもないので、生き残りが出ます。それが暗黒物質ではないだろうかと考えられています。

第5章で紹介しますが、この考えが本当かどうかを確かめるために、暗黒物質を捕まえようという試みもなされています。

暗黒物質をつくりだす

暗黒物質を捕まえる実験とともに、暗黒物質をつくりだそうという研究も行われています。通常、実験室で粒子をつくるときは、「粒子加速器」というものを使って、非常に高いエネルギーに加速した粒子のビーム（粒子をたくさん集めたもの）をガシャンとぶつけ合います。するとエネルギーの固まりができ、そこからさまざまな別の粒子が生まれるのです。

図1・16はスイスにあるＣＥＲＮ（セルン、欧州原子核研究機構）という実験施設です。この地下のトンネルに、ハイテクの機械を27kmにわたって並べた「大型ハドロン衝突型加速器（ＬＨＣ、Large Hadron Collider）」という装置があり、「ビッグバンを再現するほどのエネルギーがあれば、何とか暗黒物質もつくれるのではないか」という実験が行われています。実験の機械自身も大きいのですが、できた粒子を捕まえるための装置も、5階建ての建物をさらに上回るくらいの大きさがあり

図1・16　上・ＣＥＲＮの航空写真
下・ＬＨＣのトンネル内の様子
上の写真の太線部分の地下に、下の写真のトンネルが設置されている。（上・Copyright CERN、下・Courtesy of CERN）

ます。

　実験ではいろいろな粒子が同時につくられるので、そこから本当に欲しい粒子を探し出すのが大変です。何とかうまく探せるようにと理論的に研究しているのが、ＩＰＭＵの野尻美保子主任研究員です。各国の研究者といつも連絡を取り合いながら、どうすればこの加速器実験から良いデータが取れるか、どう解釈できるかということを考えています。

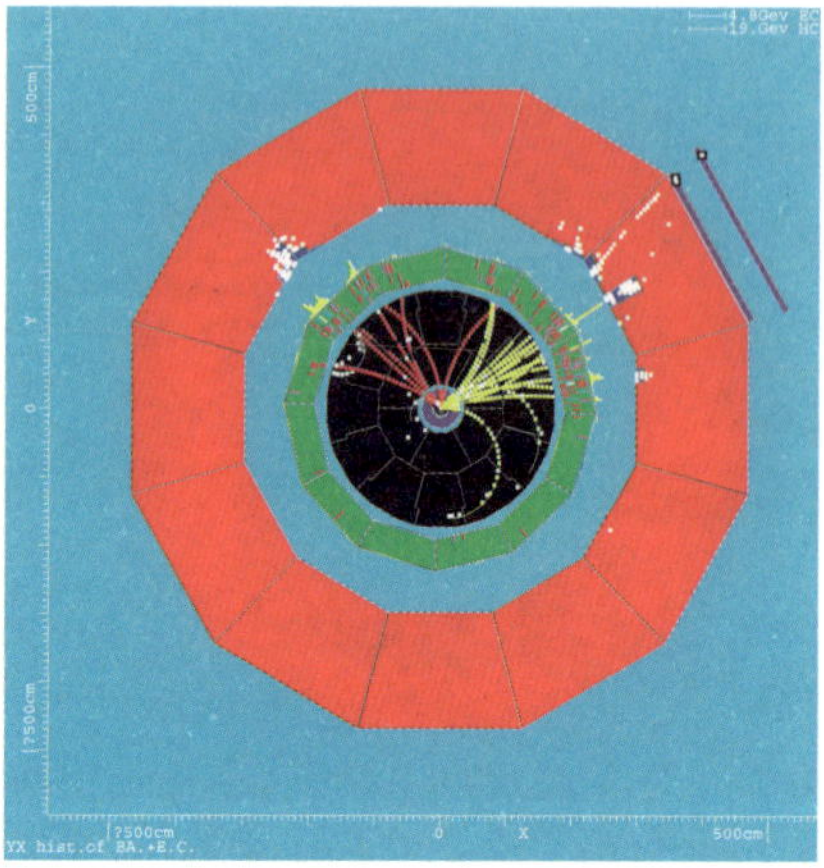

図１・17　ＬＨＣによる実験結果の予想例
図の手前側と裏側から打ち込まれた粒子のビームが、図の中心でぶつかりあってエネルギーの固まりになり、そこからさまざまな粒子ができる様子。黒い円の中心から放射状に見えている点線が、できた粒子。左下には見えない粒子ができているはず。(Credit: CERN)

　けれど、暗黒物質はそもそも見えないはずなのに、実験室でつくって、なぜ「できた」とわかるのでしょうか？　非常にもっともな疑問ですが、それには方法があります。**図１・17**は、粒子のビームをぶつけ合い、新たにできたさまざまな粒子を捕らえた図です。これを見ると粒子が図の右上にばかりできていて、反対側の左下にはできておらず、全体のバランスがとれていません。粒子ができるときには、エネルギーや運動量が保存されてバランスがとれているため、一方にだけできて、反対側にできないということはありません。ということは、実は何か見えないものができていて、それがエネルギーと運動量を持って図の左下に逃げているのではないかと考えられます。つまり見えているほかの粒子を全部調べておけば、実は見えないものがここにあるということがわかるのです。これは、実験室で暗黒物質をつくることができたということになるのではないかと、今、期待が高まっています。

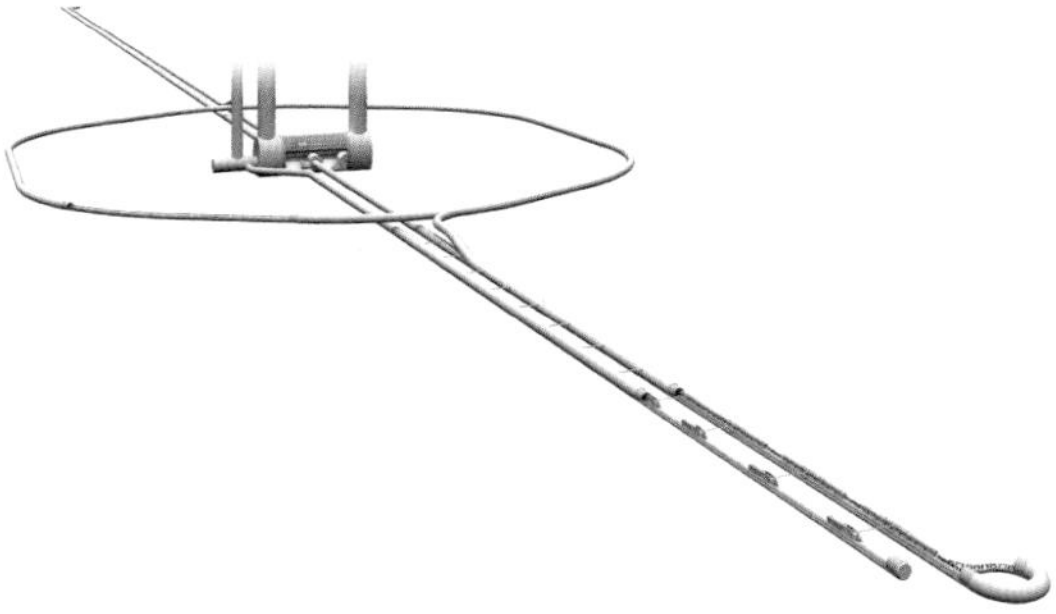

図１・18　リニアコライダー
(Cited: Rey. Hori)

ただ、これはとても難しい実験なので、本当に「これが暗黒物質だ」と判明するにはまだまだ時間がかかります。そこで日本では「リニアコライダー」（図１・18）という計画が真剣に議論されています。リニアコライダーはＬＨＣ実験と少し違い、粒子をぶつけるための管が円ではなくて直線になっています。両側から粒子を加速し、真ん中でガシャンとぶつけます。また、ＬＨＣでは陽子という水素の原子核を加速しますが、こちらはもっと軽い電子を用います。電子は本当に点のような粒子で、中にゴチャゴチャとした仕組みがないため、何が起こっているのかはっきりわかりやすいのです。

このリニアコライダーも、とんでもないハイテクの機械です。電子のビーム（電子をたくさん集めたもの）を15～30㎞に渡って加速し、最後にそのビームをナノメートルにまで絞ります。ナノメートルというのは原子10個分ほどの本当に小さなレベルです。そこまで絞れるだけでもすごいことですが、絞ったもの同士をきちんと衝突させるというのです。それができれば暗黒物質の性質をさらに精密に調べられるようになります。

ここまでの話をまとめると、宇宙の観測から、確かに宇宙に暗黒物質がたくさんあるということがわかってきました。現在、その暗黒物質を探して捕まえてやろうという実験や、さらに実験室で暗黒物質をつくりだしてやろうという実験が進んでいます。これらの実験すべてのつじつまが合って初めて、実験室でつくった見えない粒子が実は暗黒物質であり、それは私たちの銀河の中に溜まっていて、私たちをつなぎ止めてくれる、そもそも私たちをつくってくれたものであることがわかってくるのです。そこまで到達するのが私たちの目標です。

「暗黒物質とは何か」ということがわかるのもすごいことですが、それ以上におもしろいのは、暗黒物質ができた頃の宇宙――宇宙が誕生してから１００億分の１秒後、本当に宇宙誕生直後の様子がわかるということです。暗黒物質を調べることによって、宇宙の始まりに迫ることができるのです。

宇宙に終わりはあるのか？

ここからは未来の宇宙の話になります。宇宙全体の終わりの話に入る前に、まず地球の終わりということを考えてみましょう。

太陽の中では、水素を燃やしてヘリウムをつくるという反応をしており、そこからニュートリノがたくさん放出されます。ですから、ニュートリノを調べることで太陽がどれくらい激しく燃えているのかがはっきりわかります。計算の結果、太陽は水素という燃料をあと約50億年で使い尽くすという結論が出ました。太陽の燃料がなくなると、いまの太陽を支える力がなくなって、太陽全体がブワッと広がり、地球は飲み込まれてしまいます。これが地球の最期です。それまでに脱出計画を練らなければなりません。

このように地球にははっきり終わりがあることがわかりましたが、宇宙の運命はどうなるのでしょうか？　宇宙の膨張が発見されてから、長い間、宇宙には二つの運命があると言われてきました。暗黒物質も含めて、宇宙の中にどのくらいの物質があるのかによって運命が決まるというのです。「宇宙の膨張」はとんでもない現象のように思えますが、アインシュタインによると宇宙の膨張も所詮重力によって決まっているので、「地上から真上に投げ上げるボール」と同じだと考えられます。最初にボールを投げ上げる勢いがビッグバン、ボールが上に上がっていくことが宇宙の膨張に対応

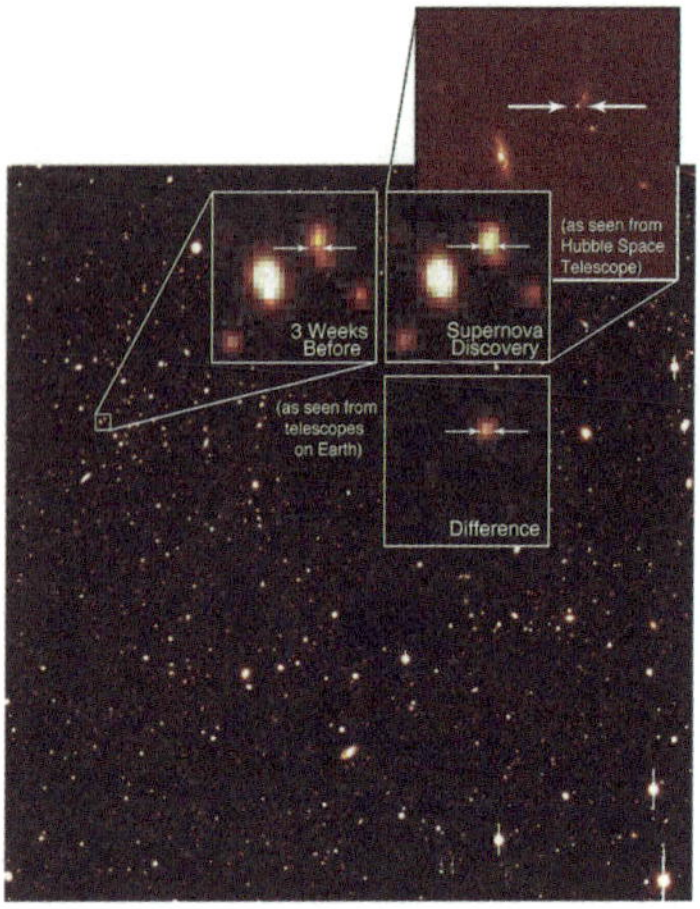

図1・19　Ia型超新星
(Credit: Supernova Cosmology Project, Lawrence Berkeley National Lab)

します。私がボールを投げると、大して勢いがないので、すぐに止まって落ちてきます。野球選手が投げるともっと高くまで上がりますが、だんだん遅くなって一度止まり、やはり落ちてきて地面にぶつかります。これと同じで、宇宙もだんだん大きくなりますが、いずれ膨張が減速して止まり、収縮を始めて最後はグシャッとつぶれるかもしれません。これは「ビッグクランチ」と呼ばれる第一の可能性です。一方、野球選手でも無理ですが、ロケットを使えば、ボールは地球の重力を振り切ってずっと飛んでいくこともできます。同じように重力に引っ張られてだんだん減速していくはずですが、最初のビッグバンの勢いが良ければ永遠に膨張を続けるかもしれません。これが第二の可能性です。充分な勢いがあるかどうかはどれだけの重力で引っ張られているのか、つまり宇宙の中にある物質の質量で決まるはずです。そこで、宇宙は徐々に広がっていくのか、グシャッとつぶれる運命なのかを決めるために、宇宙にある物質の量を測ろうとみんなずっと苦労してきました。これらの説が本当だとすると、遠くの宇宙を観測している研究者は非常にハッピーです。宇宙がどんどん膨張していくと、ずっと遠くにある銀河の光も私たちに届くようになり、ますます観測が楽しくなるからです。

ところが１９９８年に暗黒エネルギーが発見され、どうやらどちらの説も正しくないということがわかってしまいました。おかげで宇宙の運命の考え方がガラッと変わってしまったのです。この新説は、「宇宙の膨張スピードがどんどん速くなっているのだから、何か膨張を後押しするようなものがあるはずだ」という発想から始まりました。そしてIa型超新星（図１・19）という現象を観測して、この説が正しいことがわかったのです。超新星という星の爆発現象が起こると、銀河全体が明るくなったように見えます。その明るさを望遠鏡で正確に測ると、どのくらい遠くで起きた爆発かがわかります。１００ワットの電球が、近くにあると明るく、遠くにあると暗く見えますが、それと同じでIa型超新星は明るさが決まっているため、見かけの明るさから、どこで爆発したかを割り出すことができます。超新星が起きた場所は「どのくらい昔に爆発したか」というタイミングの情報になります。そして先ほど述べた、星が遠ざかっていると赤く見えるという現象は、大昔に爆発した超新星の光が、宇宙が大きくなるにつれて一緒に引っ張られて、波長が伸びて赤く見えていると考えることもできます。ですから超新星から来た光が本来の色と比べてどのくらい赤くなっているかを調べると、宇宙が超新星爆発からどれだけ広がったかという膨張の情報につながります。このようにタイミングの情報と膨張の情報を組み合わせると、宇宙がどのように膨張してきたかという歴史がわかるのです。

歴史を調べると、宇宙の広がり方はどんどん速くなっていることがわかりました。これは「加速宇宙」と呼ばれており、本当に驚くべきことでした。データを見ると、間違いなく宇宙は加速しているはずであるという結論に至ります。不思議なことです（図1・20）。

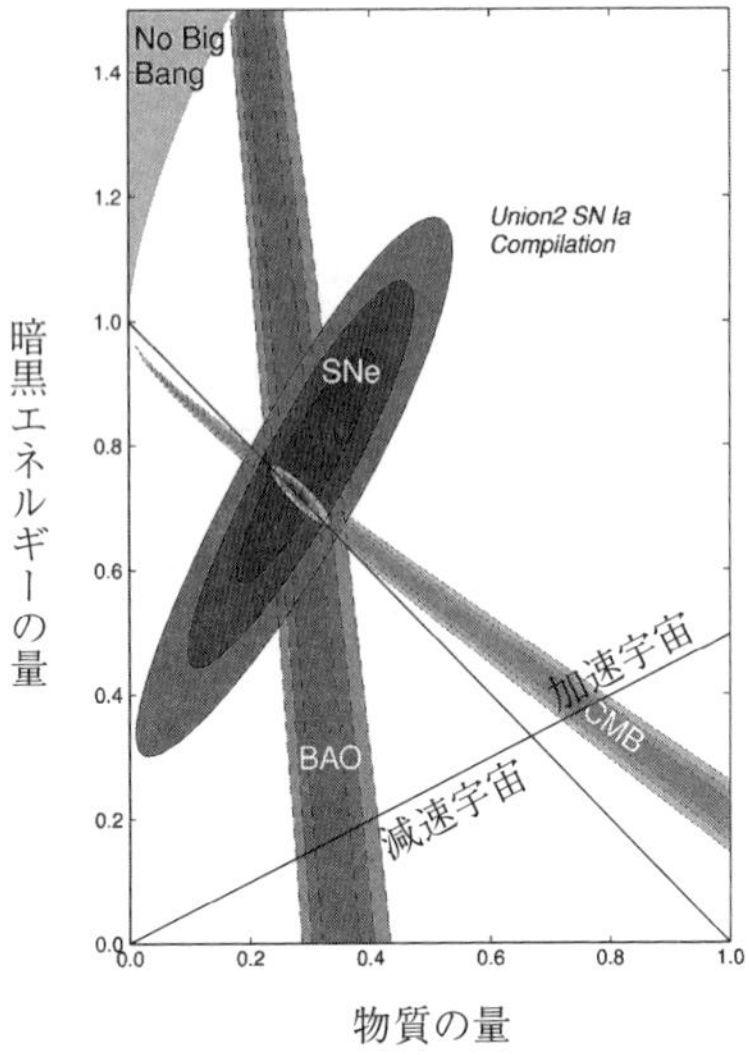

図1・20　加速宇宙を示すデータ
CMBは宇宙マイクロ波、BAOは銀河の分布、SNeは超新星のデータ。宇宙の全エネルギーを1とする。右上がりの直線より下は昔からの予想通りの減速宇宙。直線より上は加速宇宙。3つのデータが重なる部分は、明らかに加速している。
（Credit: Supernova Cosmology Project, Lawrence Berkeley National Lab）

アインシュタインが教えてくれたことですが、宇宙の膨張の速さは、宇宙の中にどれくらいのエネルギーがあるかによって決まります。たくさんのエネルギーがあれば速く膨張します。しかし宇宙が広がるとエネルギーが薄まるはずなので、暗黒物質のような気味の悪いものですら薄まります。つまりエネルギーが減るので宇宙の広がり方も遅くなるはずなのですが、実際には速くなっているという観測結果が出てしまいました。

見えないエネルギーだから暗黒エネルギー

これは何を意味しているのでしょうか？　どうやら宇宙がどんどん広がっても薄まらない、何か不思議なエネルギーがあると考えられます。宇宙が広がってもエネルギーが薄まらず、どんどん湧き出ていっている不思議なものがある。この宇宙に満ちていて、宇宙の膨張を後押ししている不思議なもの——正体は何だかわかりませんが、わからないままこれに「暗黒エネルギー」と名前を付けました。見えないエネルギーなので暗黒エネルギーです。暗黒物質と名前が似ていますが、暗黒物質は宇宙が膨張するにつれて薄まっていくのに対して、暗黒エネルギーは宇宙が膨張するとエネルギーが湧き出してくるという、さらに気味の悪いものです。

現在は銀河のきれいな写真がたくさん撮れますが、宇宙の膨張は加速しているので、時間が経つと遠くの銀河はさらに遠くに引き離され、いずれは私たちの銀河の中にある星しか夜空に残らないという、非常に寂しいことになってしまいます。私たちはずっと、将来の天文学はもっと楽しいものになると思っていたのですが、どうやら本当は悲しい結末が待っているようです。遠くの銀河を観測して宇宙を研究するというのは、実は今だけしかできない貴重なことなのです。ですから政府の方には、「早く予算を付けてください」とお願いしています（笑）。

このように、宇宙の膨張はどんどん速くなっています。そこで問題になるのが、「宇宙に終わり

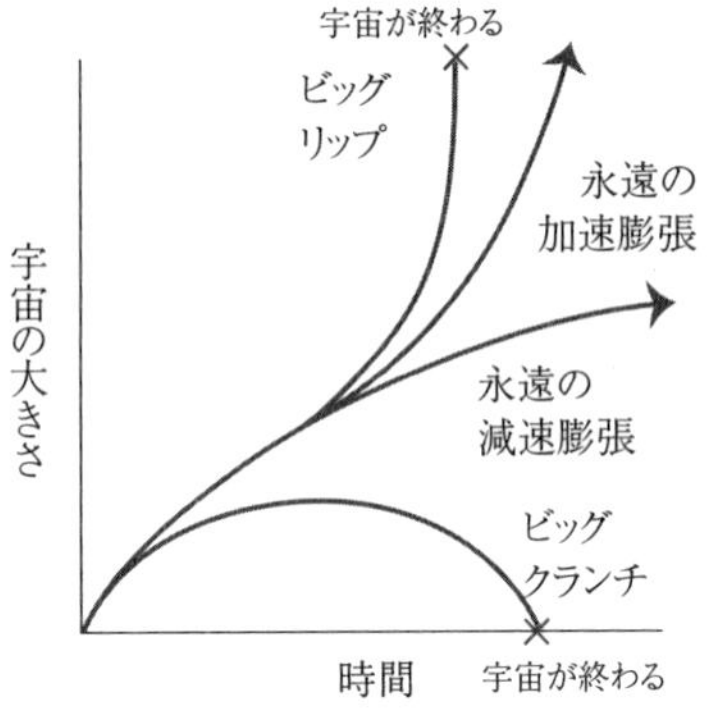

図１・21　宇宙の運命

はあるのだろうか？」ということです。それを知るためのカギは、「どれくらいの速さでエネルギーが生み出されているのか」ということです。エネルギーが生み出されるスピードが速いと、宇宙の膨張速度が一気に速くなり、あるところで無限大になってしまいます。無限大より大きくはならないので、その瞬間に宇宙は終わります。膨張速度が無限大になるということは、宇宙を引き裂くように暗黒エネルギーが膨張を後押ししているということで、その力のために銀河は引き裂かれて星ごとにバラバラになります。そして、いずれは星も引き裂かれて原子レベルに、原子も引き裂かれて電子と原子核に、とすべてがバラバラになり宇宙は空っぽになって終わります。この宇宙の終わりを「ビッグリップ」と呼んでいます（図１・21）。

しかし、本当に宇宙の膨張は加速しているのでしょうか？　これを解明するにはたくさんの数学的・理論的な問題が出てきます。宇宙の膨張がどんどん速くなっているというのは、アインシュタインの宇宙の膨張の式に基づいて考えられているのですが、もしかしたらアインシュタインが間違っていたのではないかと言う人もいます。

現在、究極の統一理論として期待が高まっている「ひも理論」と呼ばれる理論があります。このひも理論を使って、加速膨張は続くのかどうかを調べている人たちがＩＰＭＵにいます。そのうちの一人、シメオン・ヘラマンさんは、「宇宙の運命には別の形もあり得る」と言っています。「加速膨張がどんどん続いていくと、あるとき宇宙にポカンと泡のようなものができ、その泡の中は加速しない。それがポカポカとあちこちにできて、だんだん宇宙を満たしていき、あるときに泡が全部くっつくと、宇宙全体が加速しない普通の膨張に戻る」というのです。もちろんこれが本当かどうかはまだわかりません。あくまで仮説ですから、実証しなければなりません。『探偵ガリレオシリーズ』に登場する物理学者湯川学も「仮説は実証して初めて確かなものになる」と言っています。

そのために、私たちは次のようなことをやろうとしています。

日本はハワイのマウナ・ケア山頂に「すばる」というすばらしい望遠鏡を持っています。すばる望遠鏡は非常に頑丈なので、大きなレンズとカメラを取り付けることができ（図１・22）、これからもっと大きなレンズを取り付けるための、Hyper Suprime-Cam という計画もあります。画素数９億、重さ３トンという巨大なデジタルカメラです。大きなカメラを付けると宇宙全体を広く見渡せますので、重力レンズ効果の観測結果を使って宇宙全体の暗黒物質地図をつくることができます。暗黒物質地図は、宇宙がどのように膨張し

図１・22　すばる望遠鏡の内部
（国立天文台　提供）

て暗黒物質が集まってきたかという歴史を背負っているので、これで暗黒エネルギーがどのくらいの速さでエネルギーを生み出しているのかがわかることになるのです。見えないものを探しているので非常に難しい研究ですが、見えない暗黒物質を使って何とか暗黒エネルギーの性質に迫っていこうとしています。

人類の歴史が始まって以来、空を見上げて思うような素朴な疑問がたくさんありました。現在はそういう疑問に手が届き始めた、すごい時代になってきたと言えます。宇宙の内訳が決まってきたのです。しかし、そのことで宇宙には暗黒物質や暗黒エネルギーというものがなければならないのだとはっきりしてきて、「一体これは何なのだろうか?」という新たな疑問が湧いてきました。これを解明するために、新しいテクノロジーを使って新しい観測実験をしています。遠大な目標です。データを取って、数学と理論物理を組み合わせ、真相を探っていく――こういうことを通じて、宇宙の始まり、宇宙の終わりということに何とか迫っていきたいと考えています。

第2章　素粒子と宇宙

第1章では宇宙の未来についてを中心にお話ししましたが、ここからは少しずつ宇宙の始まりに近づいていきます。時間を遡ると宇宙は小さくなっていくので、小さな素粒子を考えることが重要になってきます。そこで、本章から第5章までは、素粒子のお話になります。おもしろいことに、広大な宇宙を理解するには極めて小さい素粒子を知ることが非常に大事であるとわかってきました。なぜ両者に結びつきがあるのかについても説明します。

大きな宇宙を知るには小さな素粒子を知ることが必要

そもそも素粒子物理学とは何でしょうか？　まずそこから話をしましょう。

素粒子物理学で取り組もうとしている問題そのものは非常にシンプルで、「ものは一体何でできているのだろうか？」ということです。私たちは、身の周りにあるものはすべて原子でできていると習います。では、その原子は何でできているのでしょうか？　物事の根本とは一体何なのでしょうか？　こういったことを知るために、「素《もと》の粒子」つまり素粒子を調べるというのが、素粒子物理学の基本的な目標です。

しかし、何でできているかがわかっただけでは本当にわかったことにはなりません。それらがどのように結びついているのか、その間にどのような力が働いているのかということも同時に調べます。固い言葉では「物質の構成粒子とその間の力」、かしこまって「相互作用」と言ったりしますが、それを探る学問が素粒子物理学なのです。ものをどんどん細かく、最小限の単位まで分け、とことん分けていった先が見つかれば、最終的にはすべてのものの根本に立ち戻って説明できるはずだ、という考え方で研究を行っています。

　私たちの身の周りのものは、さまざまな大きさを持っています（図2・1）。例えばりんごの直径は10㎝、つまり0・1mくらいでしょうか。標高1000mの山は10^3m。10^3というのは1の後に0が3つ付いているという意味です。地球の大きさは、1の後に0が7つ付いて10^7m、太陽系は10^{14}mで0が14個付きます。さらに大きなものを考えると、私たちのいる太陽系がある天の川銀河の大きさは、1の後に0が20個ついた10^{20}mです。最近では銀河の観測もずいぶん進んだので、銀河がたくさん集まった銀河団というものもよく知られるようになりました。この銀河団の大きさは10^{23}mで、0が23個付きます。宇宙全体のスケールとなると10^{27}m、1の後に0が27個付く大きさになります。

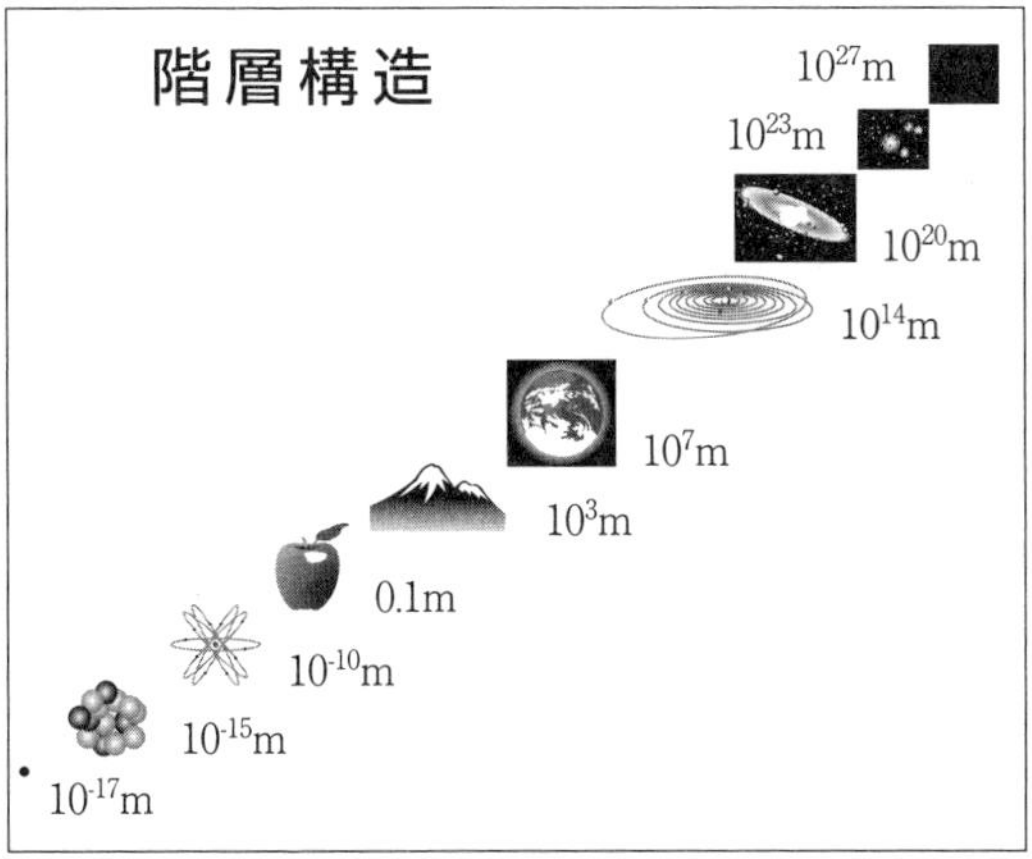

図2・1　身の周りのものの大きさ

　逆に小さい方はどうでしょうか？　りんごはもちろ

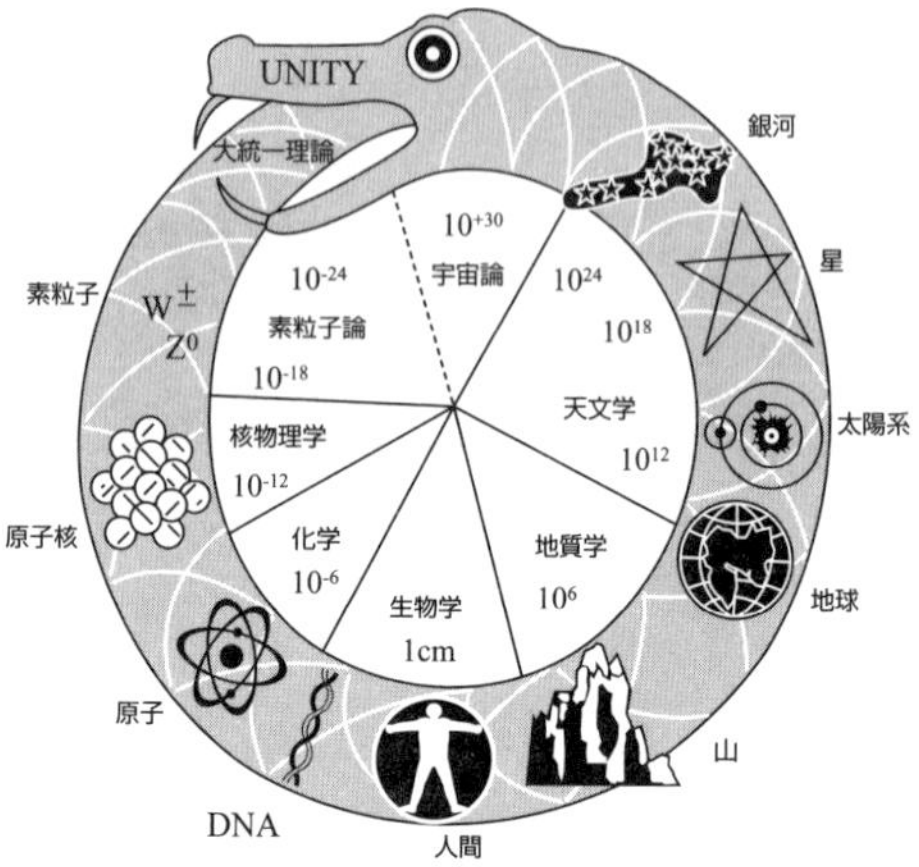

図2・2　素粒子物理学の性質：ウロボロスの蛇

ん原子でできています。その原子の大きさは10^{-10}m。これは0の後に小数点を打ち、その後に0を9つ並べて最後に1が付きます。最初の0も含めて0が10個、0.0000000001mというのが原子の大きさで、とても小さなものです。その原子の中心には原子核というものがあり、大きさが10^{-15}m、原子よりずっと小さなものです。さらに原子核の中には「クォーク」という素粒子が入っています。測ろうとしても測れないくらい小さなものなのではっきりとはわからないのですが、小数点の後に0を16個続けて1を入れた10^{-17}mくらいの大きさしかありません。

図2・2は、素粒子物理学という非常に小さなものを調べる学問が、なぜか巨大な宇宙を調べることに関係しているという奇妙な性質を「ウロボロスの蛇」という絵で表現したものです。これはギリシャ神話に出てくる、自分のしっぽを飲み込んでしまう蛇です。私たちがどんどん大きなもの——地球から銀河、銀河団、宇宙全体を考えようとするとき、実はずっと小さな素粒子というものがカギになるのだということを表しています。なぜでしょうか？　理由は非常に簡単で、ビッグバンで

始まった宇宙は、最初は非常に小さかったからです。

宇宙は小さかったので、小さなものが重要でした。現在の宇宙はとても大きいので、素粒子とは全く関係がないように思えますが、宇宙自身の成り立ち、つまりどのように始まったのか、どういうふうに成長してきたのかを知ろうとすると、小さな粒である素粒子のことを知らなければなりません。というわけで、素粒子と宇宙、この二つには実はとても密接な関係があると考えられるようになりました。

素粒子を研究してきた人たちがずっと考えてきたのは、「自然界にはさまざまな現象があるけれど、その背後にはすごく単純な真理があるのではないだろうか」ということです。

よく「アインシュタインの夢」という言い方をしますが、アインシュタインにはずっとやりたいことがありました。私たち研究者は、「この事柄を理解するにはこの法則、別の事柄を理解するにはあの法則」というように、さまざまな法則を組み合わせて物事を考えています。しかしアインシュタインは「物事の根本には単純な真理があって、それで自然界の現象は全部説明できるはずである」と考えていました。アインシュタインは「一般相対性理論」という重力の理論と電磁気の理論を組み合わせて統一理論をつくろうとずいぶん苦労しましたが、残念ながら成功しませんでした。しかし、この根本的な真理を探すことが素粒子物理学の目的なので、現在もこういう方向に持っていこうと頑張っています。

このような、理論を統一するという試みは、アインシュタインの専売特許ではありません。物理学の歴史ではずっと行われてきました（図2・3）。例えばニュートンが、りんごが木から落ちるのを見て運動の法則を導いたという話がありますが、これは偉大なことです。ニュートンは、りんごが落ちることと、太陽の周りを惑星が回ることが同じ法則であると見抜いたのです。全くスケールの違うものを一つの法則で説明する、偉大な統一理論でした。

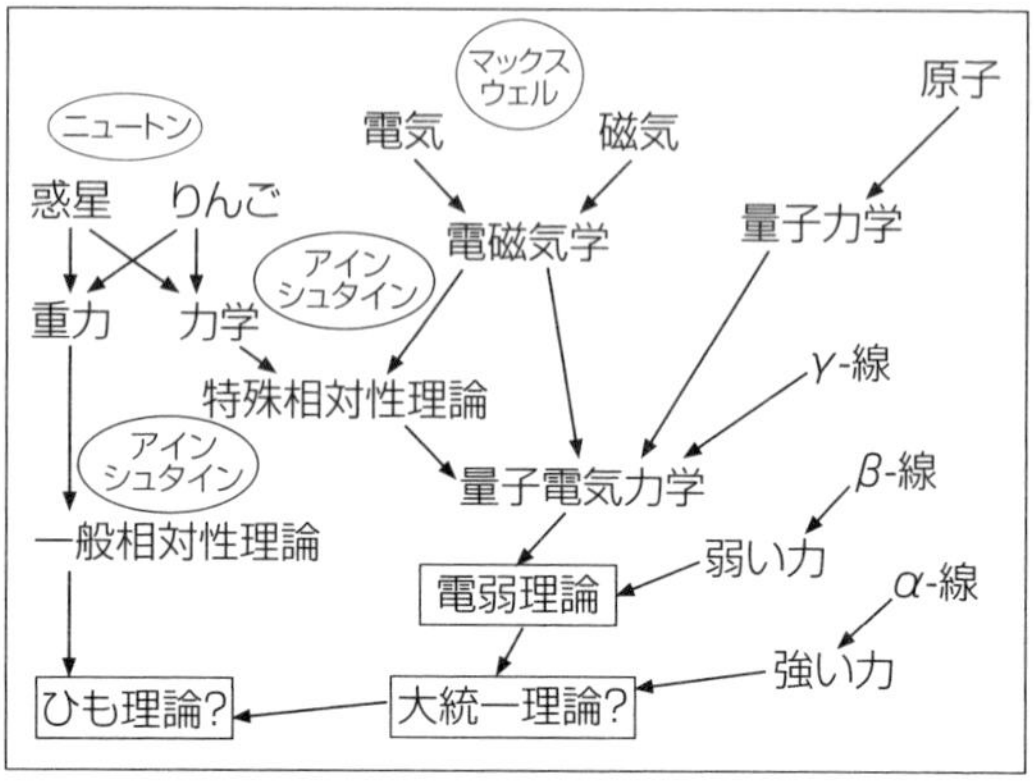

図2・3　理論の統一の歴史と予想

この統一理論により、非常に大事な法則が二つ導き出されました。一つは「力学の法則」で、高校で$F = ma$という式で習います。「物体に何か力を加えると運動が変わる」という法則です。もう一つは「重力の法則」です。「二つの物体の間には引き合う重力がある。物体の間を2倍の距離にすると重力の強さは4分の1になり、3倍の距離のときは9分の1になる」という法則です。

ニュートンのもの以外で知られている大事な理論の統一は、マックスウェルの理論です。これは全く違うものだと思われていた電気の力と磁気の力が、実は同じものであるという理論です。おもちゃの車を考えてみましょう。モーターの中には磁石が入っています。電気の力を磁石に近づけると力が働くので、電池を繋ぐと磁石が回り始めます。その結果、車輪が回って車が動きます。逆も同じです。火力発電所では石油や石炭を燃やして水を沸騰させ、そこから出る蒸気の力でモーターを回すのです。そのおかげで電気ができ、それを私たちが使っています。現在では電気と磁気は同じものとして「電磁気学」という言葉が使われています。

一方、アインシュタインの時代にやっと原子が調べられるようになり、そこから後で説明する「量子力学」というものが見つかりました。さらに原子核から出てくるα線、β線、γ線と呼ばれるものを調べることが始まりました。

アインシュタインは理論の統一を夢見て研究してきたのですが、実は自分自身で統一はしていません。アインシュタインが行ったのは、いわば理論を「仲直りさせる」という仕事です。例えばニュートンの力学とマックスウェルの電磁気学をそのまま組み合わせて考えると、何だかわけのわからない変な答えがたくさん出てきて、非常に困ったことになります。二つとも大事な法則なので、一緒に使いたいときもあるのですが、そうすると変なことになる。そこで、アインシュタインは思い切ったことをしました。何百年間もみんなが使っていたニュートンの力学の法則をエイヤッと変えてしまったのです。それが「特殊相対性理論」です。その結果、力学と電磁気学とはきちんとつじつまが合うようになりました。相対性理論は電磁気学を含んでいるわけではないので、理論を統一したわけではありませんが、二つのつじつまが合うようにしたというのが、アインシュタインの偉大な功績です。

一つ仲直りをさせた上で、もう一つ仲直りを進めた結果生み出されたのが「一般相対性理論」と言われているものです。「特殊」の次は「一般」。重力の法則と電磁気学や力学を用いた相対性理論を一緒にすることができたのは、この一般相対性理論のおかげです。この理論がなければ私たちの日常生活においても困ったことがたくさん起こります。

例えば、カーナビにはGPSが使われています。人工衛星からの信号で自分が今どこにいるのか、行きたい先はどこにあるのかを割り出しているのですが、あれだけの精度をきちんと出すためには、一般相対性理論の効果を使って計算しなければなりません。ですからふだんあまり聞かない言葉かも知れませんが、一般相対性理論のおかげでGPSがきちんと動いて、カーナビで行きたいところに行くことができるようになったのです。このように一般相対性理論は生活に役立っています。

偉大な統一は、アインシュタイン以降に行われました。アインシュタインの特殊相対性理論、マックスウェルの電磁気学、それからミクロな世界を考えるときに用いる量子力学という枠組み、さらに原子核の中から出てくるγ線という現象を全部ひっくるめて説明してしまおうという、「量子電気力学」という理論ができました。この理論をつくるときに活躍したのが日本のノーベル賞学者の朝永振一郎さんです。これは非常に大きなステップでした。信じられないくらい計算がうまくいくのです。

例えば、電子は原子の中をグルグル回っている小さな粒で、素粒子だと考えられているのですが、いつもコマのように回転しており、それ自身が小さな磁石になっています。その磁石がどれくらいの強さかということを、この量子電気力学の理論を使って計算することができるのです。計算を進めている第一人者は、やはり日本人の木下東一郎さんです。木下さんは量子電気力学の理論を使って、電子の持っている磁石の強さを12桁まで計算してしまいました。一方、磁石の強さを12桁までというとんでもない精度で測る実験をした人たちがいます。すると、木下さんの計算と実験の結果が12桁全部ぴったり一致したのです。このように、量子電気力学の理論はおそらく人類史上初ではないかというくらい大成功した理論です。

このように「力の統一」が進んできていますが、まだまだ終わってはいません。例えばβ線は原子核から出てくる現象ですが、この現象から「弱い力」という力が見つかりました。さらに、やはり原子核から出てくるα線という現象から「強い力」という別の力が見つかりました。どちらも重力でも電磁気力でもない、全く違う種類の新しい力で、日頃私たちが感じることはありませんが、非常に大事なものです。

今後数年間で、電磁気力と弱い力を含む新しい理論が生まれるだろうと予想されています。これは「電弱理論」と呼ばれています。名前の付け方に関しては、素粒子物理学は非常にアイデアに乏しく、片方が「電磁気」でもう片方が「弱い力」なので「電弱」と呼んでいるだけで、あまりきれいな名前ではありません。しかし、そう名前が付いてしまったのでこのように呼んでいます。

電弱理論には電気の力と弱い力の両方が含まれています。ではさらに、強い力を一緒にした理論もできるのではないか?と思われる人もいらっしゃるでしょう。確かに今、そういう話があります。

実現はまだまだ将来の話ですが、一応それには「大統一理論」という名前まで付いています。ここまでくれば、強い力と弱い力と電磁気力、三つの力が一つの法則で説明できるので、アインシュタインの夢にずいぶん近づいたことになります。けれど、本当に大統一理論ができるかどうかはわかっていません。第1章にも登場したスーパーカミオカンデがつくられた大きな理由の一つは、大統一理論を実験で調べるという目的を達成するためでした。まだそこまで到達していませんが、大きな期待がかかっています。

しかし大統一理論が実現したとしてもすべての力が統一できるわけではなく、まだ重力が残っています。この重力と他の力をさらに統一した法則のことを「ひも理論」と呼んでいます。これまで私たちは、ものをずっと細かくしていくと素粒子という「粒」になると考えて研究してきたのですが、実は粒で重力を考えると変なことが起こるということがわかってきました。アインシュタインのように仲直りをさせたいのに、なかなかうまくいきません。そこで思い切ってアイデアを変え、「実はものを細かく分けていったものは粒ではなく、小さな〝ひも〟である」という考え方が生まれました。「あまりに小さいので粒だと思っていたけれど、本当は広がりのあるひもなんだ」ということを見出したのが、南部陽一郎さんです。「南部・後藤のひも理論」という有名な理論があり、それを基に重力とほかの力を統一しようという方向に議論が進んでいます。本当にそこまで行けるかどうか今のところわかりませんが、大きな期待がかかっています。

さて、さきほどの電弱理論を目指して次の段階に行けそうだということをはっきり示してくれて

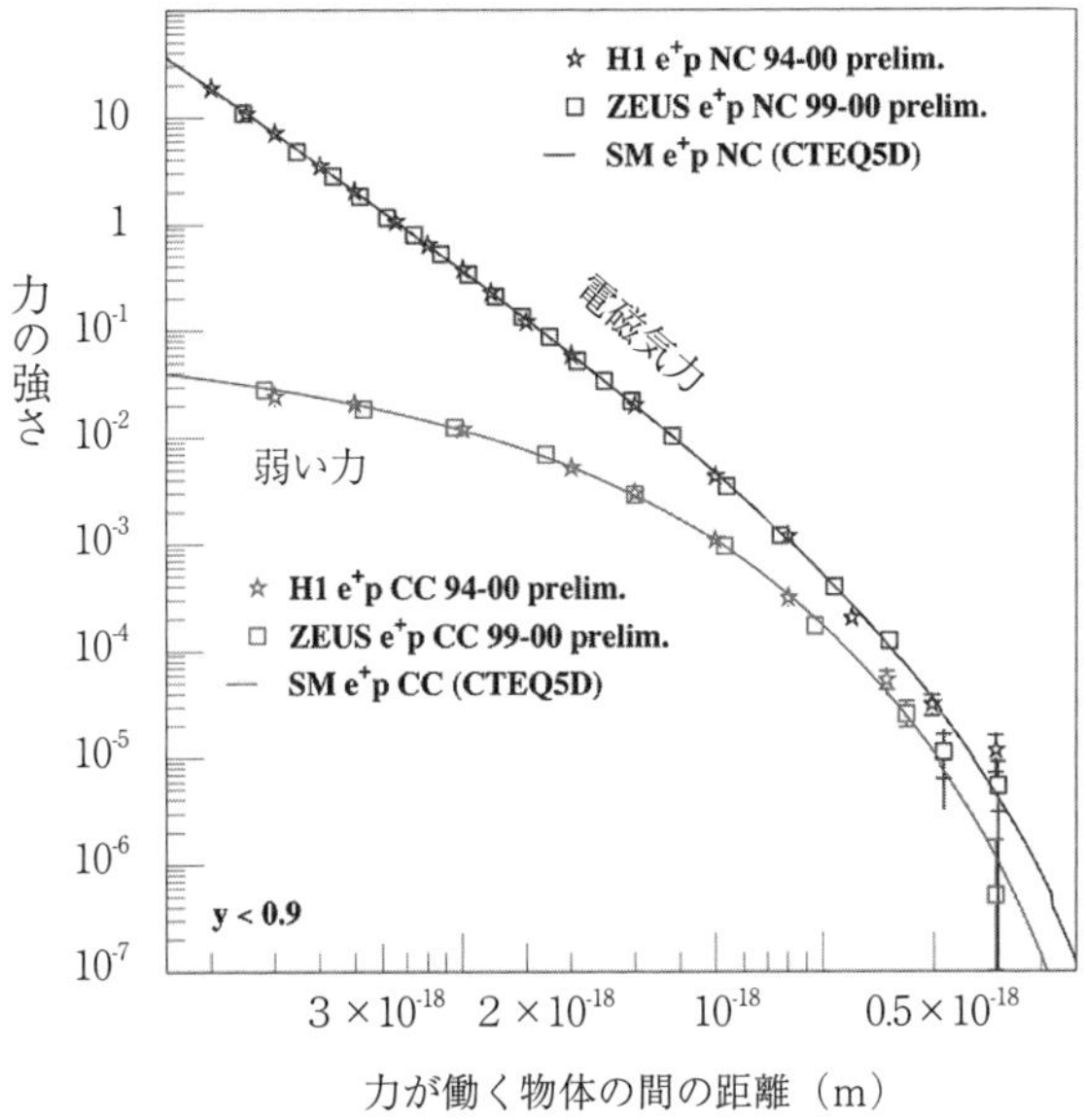

図2・4　電磁気力と弱い力
物体をより近づけ、その間の力の強さを測ると、電磁気力と弱い力の強さはだんだん近づいてきて一緒になることがわかる。
(Reprinted from hep-ex/0412005v3 with permission of Narison Stephan)

いるのが、図2・4のグラフです。横軸は力が働く物体の間の距離、縦軸は実際に測ってみた力の強さを示しています。グラフの右側ほど、力が働く物体がより近づいていくことを意味しています。つまりどんどん小さいところまで見ていこうと努力してきた結果がこのグラフです。左上から角度を付けて下がっている線が電磁気力の強さで、それより低い位置からゆるやかに下がっている線が弱い力の強さです。電磁気力と弱い力は、素粒子物理学研究が始まった頃にはグラフの左端よりもさらに左側で測っていたので、「弱い力はこんなに弱い、電磁気力はこんなに強い」と、両者は全く違う強度に見えていました。ところが小さく見る、つまりグラフの右側に行くにつれ、弱い力と電磁気力の強さがだんだん近づいてきて、大体同じくらいになってきたことがわかります。これがそろそろ二つの力を統一できるのではないかということを示している理由です。

というわけで、素粒子物理学では物事をどんどん細かく分けていっています。根本までたどり着いてしまえば、全くバラバラに見える力や現象が一つの理論で説明できるのではないでしょうか。さまざまなものがどんどん統一されていくのを見ていこうとしているのです。

素粒子物理学で大事なこと

さて、これから説明することについて、次のようにキーワードをまとめました。

①自然界の四つの力＝重力、電磁気力、強い力、弱い力

自然界には力の種類が四つあります。重力というのは私たちになじみが深いですし、電磁気力も日常的にさまざまなところで経験しますが、残り二つの強い力と弱い力はあまり日常では経験しない力です。

②クォーク、レプトン、三世代

素粒子には「クォーク」と呼ばれているものと「レプトン」と呼ばれているものがあります。そ

れぞれ六つの種類があり、その中の二種類ごとにペアになっています。このペアのことを「世代」といい、1から3までの世代があります。後で説明しますが、これは2008年にノーベル賞を受賞した「小林・益川理論」に関係しています。

③量子力学と相対性理論の融合

素粒子物理学では、「量子力学」というミクロな世界で用いる法則を使います。また、宇宙が始まったときは、ものすごいエネルギーがあるため物体のスピードは光速に近づきます。そうなると、相対性理論を使わなければなりません。量子力学と相対性理論、両方を使うというのが素粒子物理学の一つの特色です。

「量子」という言葉は、具体的なものを指しているのではありません。量子力学では、例えば電子という物質が「波のようなふるまいもするし、粒のようなふるまいもする」という奇妙な表現が出てきますが、量子という言葉は粒のことを指しているわけではないのです。これは量子力学という枠組みを作るときに用いるさまざまなものの最小単位で、それを組み合わせて物事を考えます。ですから、量子を考える量子力学という理論では「すべての物質は波であり、粒でもある」という言い方をすれば正しいのです。

④反物質

③の量子力学と相対性理論の融合を行った結果、一つおもしろい予見が出てきました。それは、「どんなものにも反物質があるのだ」ということです。反物質は、重さは同じですが電気が物質と反対

です。しかしなぜか宇宙には反物質がない、というのが大きな謎です。

⑤不思議なニュートリノ

第1章でも述べましたが、ニュートリノという不思議な素粒子があります。これは実は重さがある物質だということがスーパーカミオカンデの実験でわかり、世界的に話題になりました。

⑥未知の暗黒物質、暗黒エネルギー

宇宙には奇妙なものがたくさんあるということがわかってきました。よくわかってないので「暗黒」という名前を付けて「暗黒物質」「暗黒エネルギー」と呼んでおり、これから調べようとしています。

アインシュタインの相対性理論

素粒子物理学の基本はアインシュタインの相対性理論です。$E = mc^2$は相対性理論における非常に大事な式です。mは質量、Eはエネルギーを示し、「質量はエネルギーである」と、何だか変なことを言っています。しかしこれでは何を言っているのかわからない感じがするので、そのことからお話ししていきます。

そもそも質量とは何でしょう？『ブリタニカ百科事典』（http://www.britannica/com/）では、以下のように書かれていました。

「慣性の大きさ、物質の基本的な性質。ものに力を加えてその運動や位置を変えようとするときに受ける抵抗。」

要するに、「どれだけ動かしにくいか」ということです。次に、

「質量が大きいほど同じ力でも変化が少ない。」

とあります。これはもう日常的によく知られていることで、式としては有名な$F = ma$というニュートンの式です。感覚的には、重いものは押しても動かない、軽いものは少し押しただけで動いてしまう、それが慣性ということです。この次におもしろいことが書いてあります。

「長い間、物質の質量は変わらないと思われてきた。質量保存の法則によると、どんなに物質の構成が組み替えられても、質量の合計は決して変わらない。」

これも皆さんが日頃当たり前だと思っていることです。例えば2台の車それぞれの重さを測って合計します。その2台が衝突事故を起こした場合、散らばった破片を全部集めると元の2台分の重さと同じであるはずです。これが「質量保存の法則」です。ところが『ブリタニカ百科事典』にはその続きがあります。

「1905年のアインシュタインの特殊相対性理論で、質量についての考え方に革命が起こった。質量は絶対ではなくなった。ものの質量はエネルギーと同じで、エネルギーに変えることができる……質量はもう一定のものでも変えることができないものでもなくなった。」

百科事典には、無味乾燥で楽しくない記事が多いのですが、この記述からは書いた人が興奮してい

るのが伝わってきます。

エネルギーにはさまざまな形があります。運動エネルギー、位置エネルギー、熱エネルギー、化学エネルギー、みんなお互いに移り変わることができますが、合計はいつも保存しています。このエネルギー保存則も学校で習います。私たち人間の活動を例にしてみると、まず生きているのでものを食べます。食べたものの中には、燃やすことができる化学エネルギーがあります。これを体の中で燃やした結果、化学エネルギーが熱エネルギーに変わります。私たちはその熱エネルギーを、例えば読書をしようと本を持ち上げることに使います。持ち上げると、本には位置エネルギーができます。このようにエネルギーにはさまざまな種類があり、一つの形から別のものに移り変わることができます。

問題は質量です。「ものの重さがエネルギーと同じ」とは、一体どういうことでしょう?

重さとエネルギーは同じもの

アインシュタインは「普通の人にはなかなかわかりにくいことですが、質量とエネルギーは同じものである。ほんのわずかな重さは実は非常にたくさんのエネルギーに変えることができ、その逆も可能である。このことは１９３２年のコッククロフトとウォルトンの実験で証明された」と言っています。では、その二人は一体どんな実験を行ったのでしょうか?

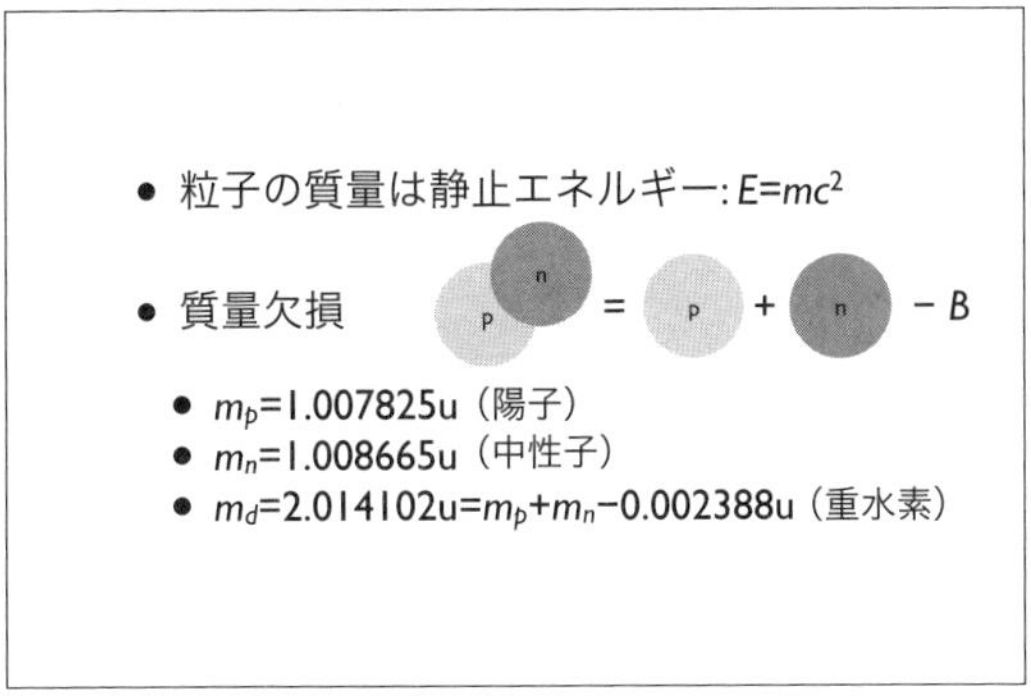
• 粒子の質量は静止エネルギー: $E=mc^2$
• 質量欠損
p
n
=
p
+
n
− B
• m_p=1.007825u（陽子）
• m_n=1.008665u（中性子）
• m_d=2.014102u=m_p+m_n−0.002388u（重水素）

図２・５　質量欠損

原子核は、陽子や中性子が組み合わさってできています。例えば私たちの体の中にある炭素の原子核は、陽子と中性子が６個ずつ組み合わさっています。しかしこの原子核の重さを量ってみると、陽子と中性子とをバラバラにして量った重さの合計よりも軽く、質量保存の法則が成り立っていません（図２・５）。陽子と中性子を二つくっつけた重水素の重さを量ってみましょう。uという単位を使いますが、陽子の重さは1.007825u、中性子の重さは1.008665u、二つがくっついた重水素の重さを量ってみると2.014102uで、陽子と中性子を足した合計よりも0.002388uだけ少ないのです。これを「質量欠損」と言い、文字通り「重さが足りない」ということです。

なぜそんなことが起こるのかというと、二つをくっつけたときにエネルギーを放出するからです。エネルギーと質量は同じものなので、エネルギーが減った分重さが減ってしまうというわけです。けれどこの説明ではどうも納得できないので、「それを本当に示してみましょう」と実験したのが、ジヨン・コッククロフトとアーネスト・ウォルトンです。

二人は、リチウムに高いエネルギーに加速した陽子をガチャンとぶつけました。すると、ヘリウムが二つできました。つまり「元素は変えることができる」ということを実証してみせたのです。これにはみんな驚きました。それもそのはずで、元素は化学の世界では未来永劫変わらないはずだったのです。中世には「金《きん》ができたら大金持ちになれる」と、金をつくりだす錬金術の研究が盛んに行われましたが、結局誰も成功しませんでした。

この実験の結果、何がわかったのでしょうか？　反応前の重さの合計と、反応後の重さの合計が違う、つまり質量が保存しないということです。反応前の重さの合計は1.0078u（陽子）+7.0160u（リチウム）=8.0238u、反応後の重さは4.0026u（ヘリウム）が二つなので2倍して8.0052uです。計算してみると0.0186uだけ重さが減っています。では、減った重さはどこに行ったのでしょうか？この実験ではガチャンとぶつけてできたヘリウムが、すごいエネルギーを持ってそのままビューンと飛んでいってしまいました。つまり減った分の重さがエネルギーに変わり、そのエネルギーがヘリウムを吹き飛ばすのに使われたのです。この実験は、質量がエネルギーに変わったということを確認した最初の例です。

そうこうしてわかったのは、私たちの生活を支える太陽の恵みもまさに$E=mc^2$だということです。太陽は膨大な熱を放出して地球を暖めていますが、そのために重さをエネルギーに変え、毎秒43億kgずつ軽くなっているのです。私たちの存在は実は$E=mc^2$にかかっていたわけです。

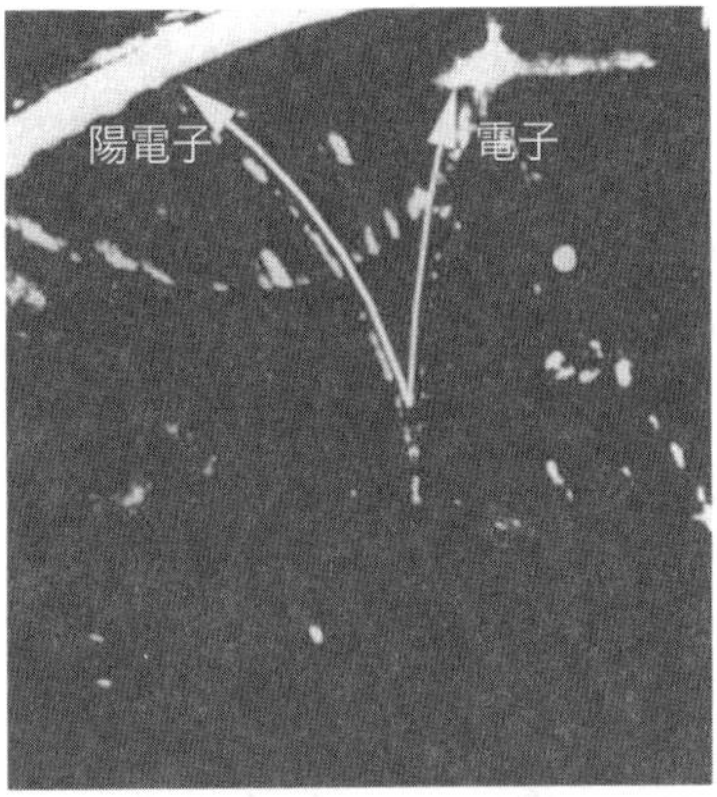

図２・６　人間がつくった最初の反物質
(source : Musée Curie (Coll. ACJC). Paris.)

その後、質量がエネルギーに移り変わる現象はたくさんのところで見られるようになりました。図２・６は人間がつくった反物質の最初の例です。これはエネルギーを光の粒（光子）として打ち込んでいる写真です。光子は重さを持っていませんがエネルギーを持っているので、光子を打ち込んだ結果、電子と陽電子という重さを持ったものができました。電子という「物質」は電気がマイナスです。それと一緒にできるのが「反物質」の陽電子で、「陽」という名前からわかるように電気がプラスです。このように物質と反物質は必ず電気が反対になっていますが、それ以外の性質はすべて同じです。重さも同じですし、壊れる粒子であれば寿命も同じです。性質としてはほとんど何も変わらないので、仮に反物質でできた人間がいたとしても、見た目ではわかりません。ただし、握手した瞬間わかります。なぜなら、一緒にものすごいエネルギーを出して消滅してしまうからです。

さて、この実験ではエネルギーを打ち込むと重さが出てきました。やはりエネルギーと質量はこうして入れ替わることができるのです。これはキュリー夫人の娘のイレーヌ・ジョリオ＝キュリーによる実験です。イレーヌとその夫のフレディリック・ジョリオの二人は、この研究以外にもたくさん良い仕事をして、ノーベル化学賞を受賞しています。

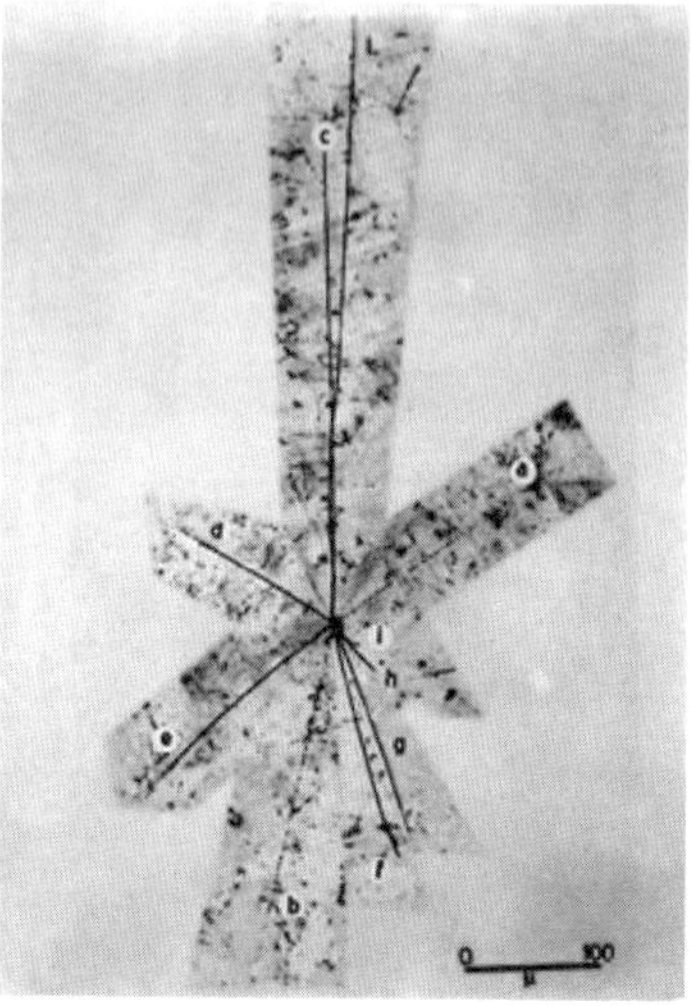

図2・7　反陽子と陽子の衝突
（Credit: O. Chamberlain et al., Phys. Rev. 101, 909-910（1956））

　また、陽子にも反物質である反陽子があることがサンフランシスコ近郊のバークレーで見つかっています（図2・7）。バークレーでは、まず反陽子をつくりました。できた反陽子を写真乾板に通していくと（図2・7の、上から下へまっすぐのびる線）、途中で陽子に出会って消えてしまいました（図2・7でたくさんの線が集まっている部分）。重さを持っているもの同士が出会ってエネルギーに変わる、質量がエネルギーに変わるという現象です。さらにこの変わったエネルギーがまた別の粒子、つまり別のものの重さに変わりました（図2・7下部の放射状の線）。エネルギーと質量が本当に移り変わることができることを示したこの実験には、ノーベル賞が授与されています。

　このほか中性子の反物質である反中性子も見つかりました。また、**図2・8**の実験では電子と陽電子をぶつけてクォークと反クォークができたことを示しています（クォークのことは第3章で詳しく述べます）。

　最近の素粒子物理学では、物質と反物質を出会わせて消滅させ、その結果出てきたエネルギーが

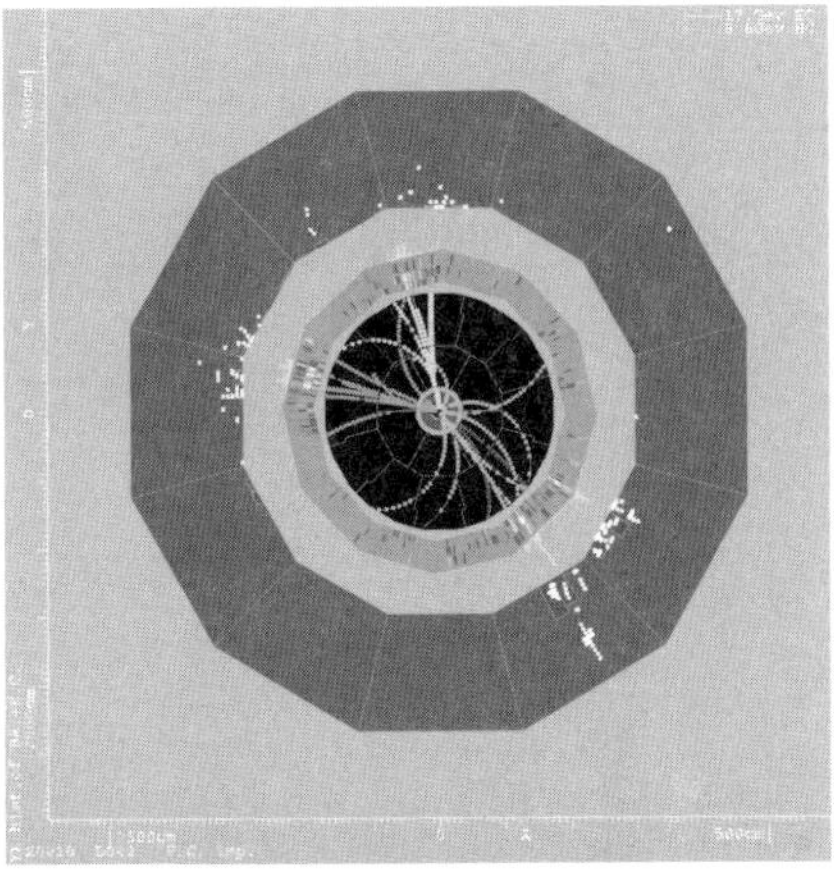

図2・8　電子と陽電子をぶつける
電子と陽電子が衝突し、消滅してクォーク二つと反クォーク二つができる。それぞれジェット（粒子の束）になり、たくさんの粒子が見える。(Credit: CERN)

またさまざまな粒子になって表れる様子を見る実験が盛んに行われています。エネルギーは質量に、質量はエネルギーに変わることができる。非常に不思議なことですが、これが相対性理論で実際に起きることです。

光速に近いと時間が遅れ、距離が縮み、重くなる

相対性理論では$E = mc^2$のほかにも大事なことがあります。それは「光速」という宇宙の制限速度です。光速以上の速さでものが動くことはありません。ものを光速に近いところまで加速していくと、時間が遅れるという奇妙な現象が起きます。そんなことがあっていいのかと思いますが、実はこれも実験ではっきり事実であるとわかっていることです。それから、光速に近づくと距離が縮

んで見えるということ、また、ものが重くなるということも知られています。ものを光速に近づくように加速していくと、どんどん重くなっていくため速くするのが難しくなり、絶対に光速を超えないという仕組みになっています。ですから、光速は非常に大事な自然定数なのです。

光速を使うと、時間を距離の単位で測ることができます。どれだけ時間がかかるかを考えるときは、その時間の間にどれだけの距離を進むかを光速を使って計算すればいいので、素粒子や宇宙の世界では距離と時間をあまり区別していません。いつも光速を使って考えるようにしています。

量子力学と不確定性関係

ここまで相対性理論を解説してきました。もう一つとても大事なことが「量子力学」です。これは非常に小さいものを扱うときに用いる考え方です。素粒子はとても小さいですし、宇宙の始めに遡ると宇宙自身も小さいので、この量子力学が必要になってきます。

これも奇妙な話なので説明しにくいのですが、ハイゼンベルクの「不確定性関係」という有名な式があります（表2・1上）。この式が言っているのは、「少しだけエネルギー保存則を破って、エネルギーを借りても良い」ということです。こういった例は不適切かもしれませんが、会計係の人がお昼ご飯を食べにいこうとしたら財布にお金が入っていないことに気付き、ちょっと金庫のお金を借りて定食屋でご飯を食べて、食べた後銀行から引き出してきて返す、というようなことです。

後で返すのであれば、途中でエネルギーを借りても良い。ただしたくさん借りれば借りるほど早く返さなくてはならないというルールがあります。たくさん借りると、見つかってつかまりやすいのだと考えてください。式でいうと、ΔEが「借りるエネルギーの量」、Δtが「返すまでの猶予期間」です。そのかけ算の値が決まっているという式ですから、つまりΔEが大きいほど、Δtが短いわけです。

もちろんこんなことはふだん聞いたことがないと思います。それは借りても良いエネルギーの量がとても少ないからです。式の右側に出てくるhは小数点以下に0が33個も並ぶものすごく小さな数です。ですから日常生活で得できるほどのエネルギーを借りることはできませんが、小さい素粒子の世界では結構な貸し借りができるのです。それでエネルギーが少し「不確定」だということになります。

表2・1　不確定性関係の式

$$\Delta E \Delta t \approx h/2\pi$$

$$m \Delta x \Delta v \approx h/2\pi$$

それだけではありません。私たちは電子や陽子は粒（粒子）で、光や音は波であると習います。しかし量子力学では「粒は波、波は粒」という禅問答のような考え方をするのです。そうすると、とてもおもしろいことが起きます。

チリで地震が起きると日本へ向けて津波がやってきます。津波は太平洋を旅している間はそれほど高い波ではありませんが、狭い入り江に入ると凝縮されてとても高い波になり、建物を飲み込んでしまうこともあります。波は狭いところへ入れると激しくなるのです。

ここで、粒子も波であるということは、粒子を狭いところに押し込めると激しく運動することになります。つまり運動が「不確定」になるのです。表2・1下の式では、これを場所の範囲Δxと運動の不確定さΔvが一定だと表しています。場合によっては、狭いところへ閉じ込めた粒子が激しく運動しだした結果、壁から「にじみ出て」くることもあるのです。

このようにミクロの世界では日常では想像もできない不思議なことが起こります。これから宇宙の始めに遡っていくと、この不確定性関係がいろいろなところで顔を出してきます。

ここまで言葉でさまざまなことを説明してきたので難しかったかもしれませんが、こういうことが素粒子の世界では基本的なこととして考えられているということを覚えておいてください。

熱くて小さい宇宙

最後に宇宙と素粒子の関わりに少し触れましょう。

ビッグバンで始まった初期宇宙は、熱い状態でした。ビッグバン自身がどうやって起きたかということはまだわかっていません。はっきりわかっているのは、宇宙は非常に熱い火の玉から成長してきたということだけで、その火の玉がなぜできたのか、それができる前に何があったのかという疑問には、今のところ答えは全くありません。

さて、初期宇宙が熱かったということは、エネルギーが高かったということです。ここで量子力学の不確定性関係を使うと、逆数になっているので高いエネルギーは短い時間に対応します。短い時間では光速で飛んでも近くまでしか行けません。つまり宇宙で行き来できる範囲はとても小さいことになります。小さい範囲に対応するということは、小さい粒が重要であるということです。このように宇宙の始まりを理解するには、素粒子の性質をきちんと理解しなければならない、ということが今までのお話から導かれます。

ビッグバンのとき、宇宙はものすごい高温でした。そのときには、第3章で説明するクォークやW粒子、Z粒子といった素粒子が主役でした。宇宙が冷えてくると、クォークがだんだん集まって陽子や中性子になります。それらがさらに集まって原子核になります。原子核と電子が一緒になって原子になり、そして原子がだんだん組み合わさって、今私たちの身の周りにあるものができてきたのです。このように、物質を細かく分けていくことが、宇宙の始まりに迫っていくことになるのです。

しかしこうした初期宇宙の姿がわかってくるには大変な紆余曲折《うよきょくせつ》がありました。第3章からそのお話に入ります。

第3章　宇宙原始のスープ

宇宙は現在１３７億歳で、加速膨張しています。このまま膨張を続けるのか、はたまた宇宙が終わってしまうのかという宇宙の運命は、暗黒エネルギーの性質にかかっているということを第1章でお話ししました。加速膨張が始まったのは今から約70億年前と考えられています。それ以前の宇宙は減速膨張していました。

それでは、今の宇宙から時間を巻き戻していくとどうなるのでしょう？　まずは、宇宙暗黒時代に突入します。さらに遡り、熱くて小さい宇宙の始まりを調べるには、第2章でお話ししたように小さい素粒子を考えなくてはなりません。こうして「宇宙原始のスープ」の話になっていきます。

暗黒時代

私たちが望遠鏡で見る宇宙にはたくさんの星があり、星が集まって銀河をつくっています。第5章でお話ししますが、まず暗黒物質が集まり、そこに原子のガスを重力で引きずり込んで星ができました。ですから宇宙の始めに遡っていくと、ある時点で星は原子の粒々でできたガスにばらばらになります。最初の星が生まれたのは今から約１３３億年前、宇宙が生まれてまだ4億歳くらいの頃だと考えられています。これより前は星がないので光もなく、暗黒物質以外には水素とヘリウムのガスしかない、真っ暗闇の宇宙でした。この時代を「宇宙の暗黒時代」といいます（図３・１）。暗黒時代がどのように終わり、星が生まれ、銀河ができたのかは、まだ観測ではよくわかっていません。銀河ができたときに、同時に銀河の中心には太陽の数百万倍という大きなブラックホール（第6章で解説）が生まれたと考えられています。このブラックホールが吸い込むガスが熱くなって光る様子が「クェーサー」という天体として観測されており、宇宙年齢8億歳の頃のものが見つかっています。今までに観測された最も古い天体は、「ガンマ線バースト」と呼ばれる、エネルギーの高い光（γ線）を出して爆発した天体で、宇宙がまだ6億歳頃のものです。しかし、最初の星、銀河まではまだ見ることができていません。

宇宙の遠くを見るということは、昔の宇宙の姿を見るということです。ですから、とても大きな望遠鏡をつくれば、この時代のこともわかって来ると期待されています。直径8mの鏡をもつすばる望遠鏡は世界最大級の望遠鏡の一つで、遠く、つまり昔の銀河を見つける競争で活躍してきました。日本ではこれからアメリカのカリフォルニア工科大学、カリフォルニア大学と共同で直径30mの巨大な鏡を持つ望遠鏡をつくる計画を練っ

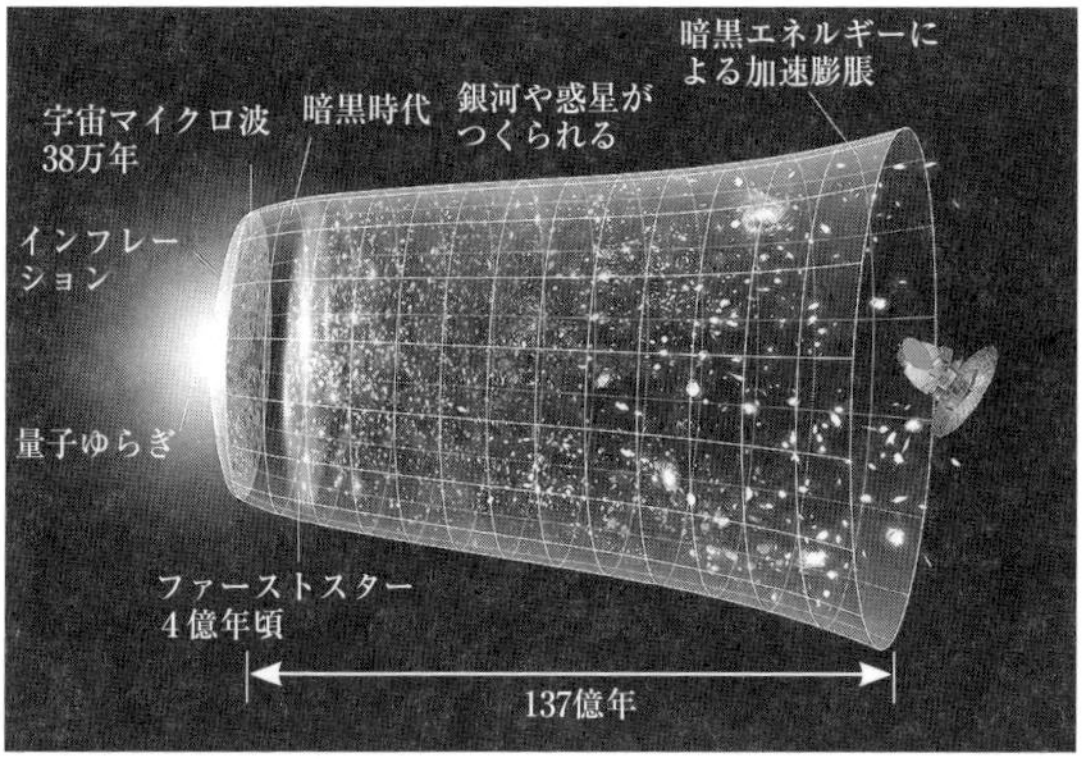

図3・1　宇宙の歴史
図1・9は初期宇宙を拡大してあるが、この図では最近の宇宙が拡大されている。宇宙年齢で38万歳から4億歳までが宇宙暗黒時代。（Credit: NASA/the WMAP Science Team）

ています。宇宙年齢4億歳頃の生まれたばかりの星、銀河が直接見える時代もそろそろ来るかもしれません。

では暗黒時代を直接調べる方法はないのでしょうか？　暗黒物質と、冷たい水素とヘリウムのガスがあるだけでは、文字通り暗黒で光が出てきませんので、光学望遠鏡ではどう頑張っても何も見えません。しかし、冷たい水素ガスからでも「21cm線」という電波はいつも出ていることが知られています。波長が21cmなのでこの名前が付いていますが、電波も宇宙が広がるとともに引っ張られて伸び、実際にはもっと長い2m以上の波長になっています。これを捕まえるには大きなアンテナをたくさん並べる必要があり、ヨーロッパ、オーストラリアで試みられています。暗黒時代に水素ガスがどのように分布していたかや、暗黒物質の重力に引きずり込まれ、星、銀河、ブラックホールができてきた様子をいずれ直接調べられるようになることを期待しましょう。

宇宙の晴れ上がり

さて、暗黒時代からさらに遡っていくと、宇宙の温度が大分高くなってきます。ここで質問です。「温度が高い」ということは、どういうことでしょうか？　夏の暑い日、日陰や家の中にいてもじっと座っているだけでじわっと汗が出てきます。直接日光が当たっているわけでもないのに、一体何が私たちを熱くしているのでしょうか？

答えは空気中の分子です。温度が高いということは、分子が元気でビュンビュン飛び回っているということで、言い換えると分子の運動エネルギーが高いということです。空気の分子が元気に私たちの身体にぶつかり、身体の分子にエネルギーを渡して、体温が上がってきます。それで私たちは「暑い！」と感じるのです。宇宙も同じです。温度が高くなってくると、暗黒物質、水素原子、ヘリウム原子といった小さい粒々が激しく動き回るのです。

さらに遡っていき、温度が摂氏２７００℃ほどになると、水素原子は秒速５㎞という速さで飛び回り、熱いガスは赤外線を出して光ります。第2章でも述べましたが、小さなものを調べる量子力学では、「光は波でもあり、同時に粒でもある」という変なことを言います。つまり宇宙は光の粒々「光子」で一杯だということです。そして宇宙が小さくなって密になるので、この光子が水素原子にゴツンゴツンとぶつかり始めます。

学校で習ったことを思い出してみてください。水素原子は陽子の周りを電子がぐるぐる回っている、ミクロの太陽系のようなものです。光子が水素原子にぶつかると電子をはじき飛ばし、原子がばらばらになって、陽子と電子が別々に運動を始めます。

宇宙年齢で約38万歳よりも前、温度が２７００℃を超えると、宇宙は電子、光子、陽子、そしてヘリウムの原子核であるα粒子がビュンビュンと動き回る、濃いスープのような状態になります。そして光子はしょっちゅう電子にぶつかるので、まっすぐ進むことができません。つまり、宇宙は光で見通すことができない「曇った」状態だったわけです。ですから１３７億光年先にはこの「宇

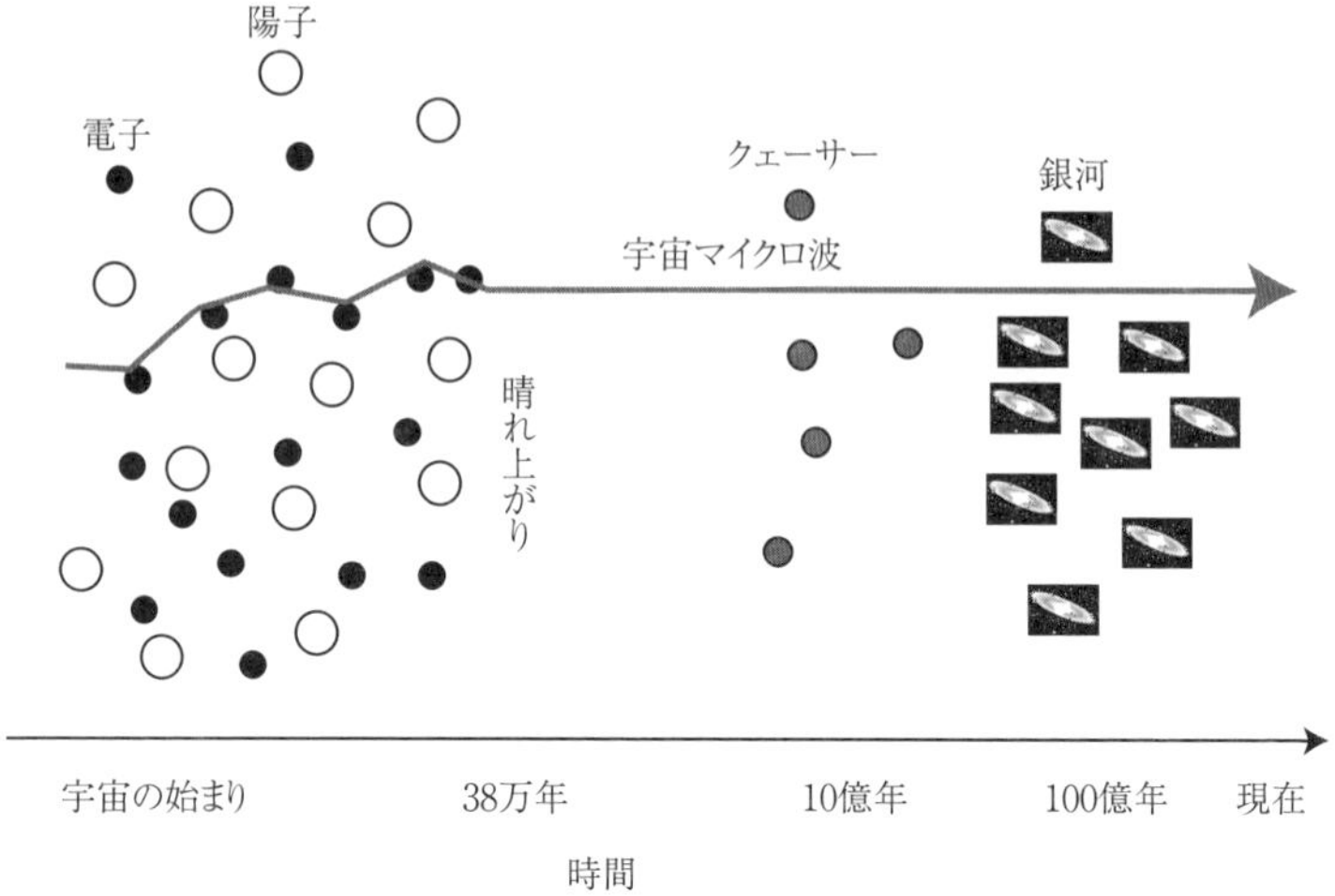

図3・2　宇宙の晴れ上がり
（杉山直氏　提供）

宙の壁」があり、光学望遠鏡や電波望遠鏡でいくら頑張っても、この先は見ることができないということになります。

逆に時間を前向きに進めてみると、原始のスープがだんだん冷えてきて、あるときに電子と陽子が結びついて原子になります。原子は電気がプラスの陽子とマイナスの電子でキャンセルして、中性です。光子は電気を持ったものにはぶつかりますが、電気を持たないものにはぶつかりません。中性になった原子には光子は「気付かない」ので、光子はまっすぐ進むようになります。こうして光がまっすぐに進む、宇宙の「晴れ上がり」が起こるわけです（図3・2）。

第1章でお話しした宇宙マイクロ波は、このときに出てきた光が宇宙空間を137億年間旅して、今地球に届くのが見えているのです。これが「ビッグバンの残り火」です。このマイクロ波が今も見えているということが、宇宙が昔は熱かったという直接の証拠になるわけです。

　このように宇宙の最初の38万年間は、光子、電子、陽子やヘリウム原子核のスープでした。それではそのさらに前はどうだったのでしょうか？　望遠鏡では見ることができないので、別の方法を考えなくてはなりません。それはミクロの世界を探る「粒子加速器」が活躍する分野です。

ティッシュペーパーに弾丸を撃ち込んだらはね返ってきた感じ？

　原子が電子と原子核でできているということは学校で習いますが、そもそもなぜそんなことがわかったのでしょうか？　そして原子核、陽子、中性子とはどんなものなのでしょうか？　これがわからなければ、宇宙のさらに前の姿はわかりません。電子と原子核は電磁気力で結びついていますが、ここで「強い力」という新しい力が登場します。これは原子核にまつわる力です。

　原子核は陽子と中性子の組み合わせでできています。第2章で炭素の原子核は陽子6個と中性子6個でできていると説明しました。陽子はプラスの電気を持っていますが、中性子は電気を持っていません。まず、なぜ原子核が原子の中にあるとわかったのでしょうか？　そして原子核の中で陽子と中性子はどのように結びついているのでしょうか？

　「ラザフォード実験」という有名な実験があります（図3・3）。ヘリウムの原子核のα線（陽子

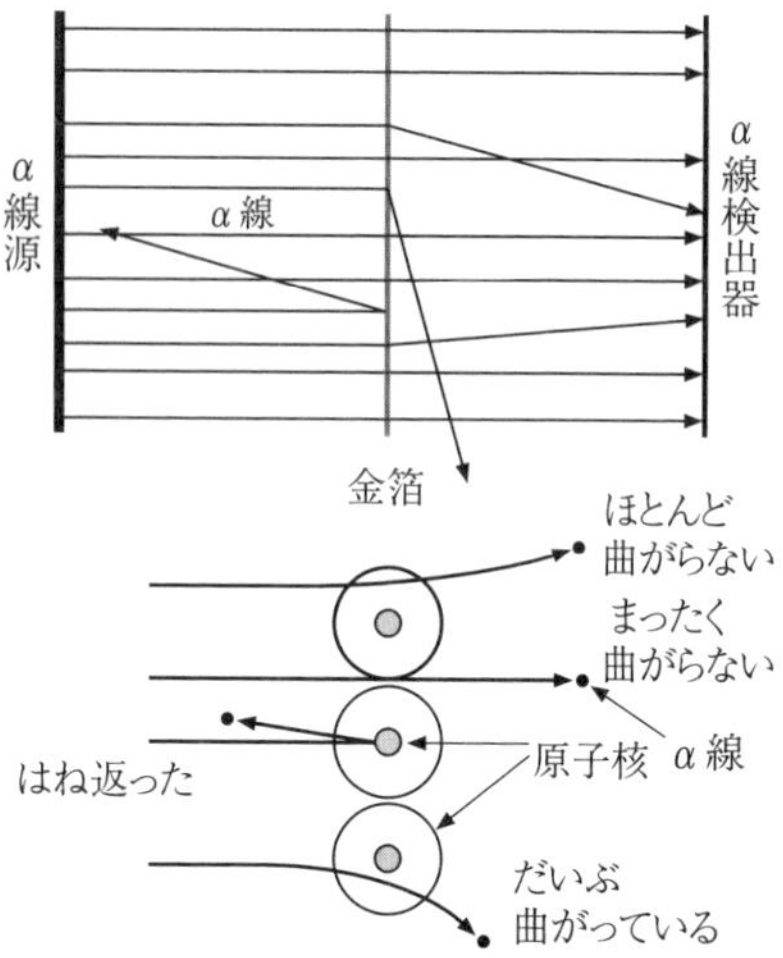

図3・3　ラザフォード実験

と中性子が2個ずつ組み合わさったもの）を金箔に投げつけるという実験です。金箔はティッシュペーパーよりも薄く、フニャフニャしています。ここにエネルギーが高いものをパンッと投げつけるのです。

まず真っ暗な部屋に金箔を置きます。そこに少し離れたところからα線をぶつけます。α線を捕らえると少し光る装置を、金箔の後ろ側に立っている大学院生がさまざまな場所に持っていくのです。正面で「確かにα線がたくさん来るな」と確認し、少し離れたところで「まだα線は来るけれどずいぶん減ったな」というように確認をします。大学院生にとっては、なかなか辛い実験でした。少しずつ場所を変え、どれくらいの量のα線がどの向きに来るかということを辛抱強く調べます。正面から離れれば離れるほどα線の量が少なくなるので、辛抱強く続けなければなりません。これを真っ暗闇の中で何日間も行いました。その結果、フニャフニャの金箔にガンッとぶつけると、まれにはね返ってくるα線があるということがわかりました。これにはみんなとても驚きました。普通は、α線は金箔を突き抜けて向こう側に行ってしまいます。ラザフォード自身「ティッシュペーパーに弾丸を撃ち込んだら、弾丸がはね返ってきたような感じだ」と表現しました。なぜそんなことが起きたのでしょうか？

ここで初めて原子核という存在が発見されたのです。原子の中心には原子核があり、その周りを電子が回っています。α線が原子の端の方を通った場合には、あまり曲がらずまっすぐ進みました。ところが電気が固まっている原子核に、たまたまα線粒子が正面衝突した場合には、バーンとはね返る。その結果、まるでピストルの弾丸がティッシュペーパーにはね返されるようなことが起こったのです。

この実験の結果、原子の中は電気がのっぺらぼうのように広がっているわけではなく、中心にギュッと固まっているということがわかりました。固まっているおかげで打ち込んだα線がはね返ったのです。この実験を繰り返し、電気の固まりの大きさがどのくらいかということまで徐々にわかってきました。非常に小さく、10^{-15}mです。原子自身もとても小さいのですが、そのさらに1万分の1というものすごく小さな固まりの中に電気が固まっているのです。

原子核は陽子と中性子でできており、その陽子と中性子は基本的に一つひとつ10^{-15}mほどの大きさがあります。大きさのあるもの同士をギュッとくっつけると、くっつける個数を増やせば増やすほどボールが大きくなります。しかし陽子はプラスの電気を持っています。プラスとマイナスであれば引き合いますが、プラスとプラスは反発します。プラスの電気を持っている2個以上の陽子を押し付けて、なぜ電気の反発力でばらけてしまわないのでしょうか？

プラス同士をくっつける、「強い力」

もちろん陽子と中性子がばらけてしまうと私たちの身体も形にならないので、困ります。そこで研究者たちは、「これは何か電磁気力よりももっと強い力で引き合っているに違いない。電磁気力は反発するけれども、引力がほかにあって、その引力で陽子と中性子を縛りつけているのだろう」と考えました。とにかく電磁気力よりも強い、新しい力だということで、1930年代に「強い力」と名前が付きました。昔の科学者はネーミングのセンスがないので、そのまま強い力という固有名詞になってしまいましたが、その強い力はどこから来るのでしょうか？　それが大問題でした。

そこで登場するのが、日本人で初めてノーベル賞を受賞した湯川秀樹さんです。この強い力は「遠くまで届かない」ということが特徴です。原子の大きさのさらに1万分の1（0.000001ナノメートル）くらいまでしか届かない、短距離力です。では、実際には何が起こっているのでしょうか？

1933年、湯川さんは「まだ見つかっていないが、新しい粒子が存在していて、それをキャッチボールのように出したり受け取ったりすることによって、陽子と中性子の間に引力が生じる」と言いました。この粒子は電子ほど軽くはなく、陽子や中性子ほど重くもないというので、間をとって「中間子」と名付けられました。この中間子をキャッチボールすることによって、電気の反発の力があっても陽子と中性子がばらけずにくっついていられる、という理論です。そんな粒子は見つかっていないのに、「あるはずだ」と予言した、非常に大胆な理論でした。図3・4は中間子のキャッチボールの様子を見ることができたら、という図です。そして1936年に、確かにちょうど予言された重さくらいの粒子が発見されたので、「これが湯川さんの言っていた粒子か」と期待されたのですが、そう簡単にはいきませんでした。湯川さんの粒子にたどり着くまでには、さまざまな顛末があります。

湯川さんはこの新しい粒子の重さを予言したと述べましたが、なぜそんなことができたのでしょうか？　湯川さんのアイデアはこうです。陽子と中性子が中間子を交換するには、まず中間子をつくらなければなりません。このとき、中間子の重さをmとすると、アインシュタインの関係式により、$E=mc^2$のエネルギーが必要です。しかし止まっている陽子や中性子にはそんなエネルギーはありません。そこで、エネルギーを「借りる」のです。ミクロの世界の量子力学では不確定性関係というものがあり、エネルギーを借りることができるということを第2章でお話ししました。しかし、借りたエネルギーが大きいほど、早く返さなくてはいけません。その猶予期間内に中間子を飛ばそうとしても、光速以上の速さにはならないため、どう頑張ってもある程度以上の距離には飛ばすことはできません。つまり、力が届く距離は中間子の重さが大きいほど短くなるということです。強い力は原子核の中では届くわけですから、ここから中間子の重さが推定できます。「電子の約200倍」というの

図3・4　中間子のキャッチボール

が湯川さんの予言でした。一方、電磁気力は光の粒である光子が運びます。光子には質量がないため、つくるのにエネルギーを借りる必要がほとんどありません。ですから、借りを返すための猶予期間が長く、そのために遠くまで飛ばすことができます。従って電磁気力は遠距離力なのです。

現在、湯川さんの予言した粒子は「パイ中間子」、または「パイオン」という名前で知られ、円周率のπの字を使って表します。そして実際にそのような粒子が見つかりました。宇宙線の一種で、宇宙から降ってくるのです。私たちの身体も毎秒1万個くらいその粒子が通っていますが、X線と同じように、何も感じません。これは日常的なことなので、特に危険ではなく、粒子が身体を通り抜けていても私たちは生きていられます。生物の進化の助けになったとも言われています。ところが、この粒子はどう調べても、強い力を感じませんでした。どうやらパイオンではないようなのです。電子のお兄さんのような粒子で、性質は電子とほとんど同じで、単に電子の200倍くらいもの重さであるというだけです。これはちょうど湯川さんが予言した重さです。また、この粒子には寿命があり、1秒の100万分の2くらいの時間で壊れてしまいます。しかしなぜこんな粒子が存在するのか誰にもわからないので、当時ノーベル物理学賞を受賞したラビという科学者が「一体誰がこんなものを注文したんだ!?」と文句を言ったと言われています。この粒子には、最終的に「ミューオン」という名前が付けられました。

ミューオンの存在理由はいまだによくわかりませんが、せっかく見つかったのだから何かに使おうというのが物理学者で、アルバレスという人がこのミューオンを使っておもしろいことを行いました。ミューオンはどんどん宇宙から降ってくるので、それを利用してエジプトのピラミッドを調べたのです。図3・5はピラミッドの断面図です。昔から図の四角形の場所に秘密の部屋があって、財宝が隠されているという噂がありました。アルバレスはピラミッドの下のど真ん中にミューオンの観測装置を置いて、右上と左上のどちらの向きからミューオンが降ってくるかを調べました。もし四角形のところに穴（部屋）があれば、右上から来るミューオンは途中の石の量が少ないためにあまりなくなりませんが、左上から来るミューオンはずっと石の中を通ってくるので少なくなります。つまり本当に秘密の部屋があるなら、向きによってミューオンが飛んでくる数が違うはずだという理屈です。その結果、残念ながらどちらからのミューオンも数は同じだったので、秘密の部屋はないということがわかりました。アルバレスはこのようにミューオンのおもしろい使い道を見つけただけではなく、恐竜が死滅した原因が隕石ではないかということを最初に唱えた人でもあります。非常に優秀な科学者でした。

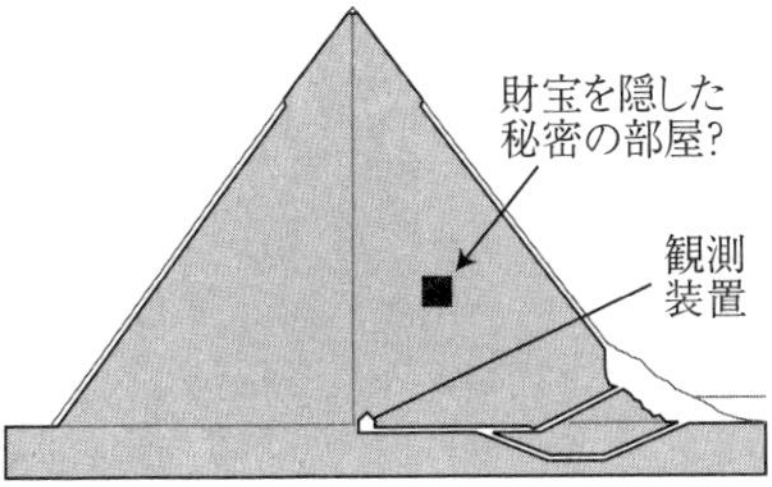

図3・5　ピラミッドの秘密の部屋

最近、東京大学地震研究所では、ミューオンを使ってピラミッドよりももっと大きな火山を研究している人たちもいます。火山を突き抜けてくるミューオンの数を見て、マグマがどこまで成長してきているかということを測るのです。火山の中を見ることはできませんが、反対側から来るミューオンの数の変化で、どこまでマグマが上がってきたかという観測が実際に行われています。

二つあった中間子

さて、湯川さんの予言した粒子はどうなったのでしょうか？　予言は間違っていたのでしょうか？　そこでまた日本のグループを中心に研究が行われ、「どうやらミューオン以外に、中間子がもう一つ存在しているようだ」ということを言い出しました。これを「二中間子論」と言います。そのもう一つの中間子がパイオンです。

では、それまでなぜ見つからなかったのでしょうか？　それはパイオンの寿命がミューオンよりさらに短かったからです。ミューオンは100万分の2秒くらいしか生きられませんが、パイオンはさらにその100分の1くらいの寿命だったのです。宇宙から宇宙線としてやってくる陽子が大気中で酸素や窒素などと反応して、まず最初にパイオンがつくられます。そのパイオンが、1億分の2秒経つとミューオンに崩壊するのです。ミューオンはもっと長生きするので下まで降りてこられます。ならば上空で測りましょうと、アンデス山脈の頂上で宇宙線を調べたところ、ついにパイオンが見つかりました。高い標高で測っているので、上空でできる粒子が壊れる前に見えたのです。

パイオンが観測できたのは相対性理論のおかげです。第2章で、「光速に近いスピードで動いているものは時間が延びる」という変なことを述べました。たとえアンデスの頂上でも、1億分の2

秒しか寿命がない粒子は、光速で飛んでいても届かないはずです。このことは、計算してみるとすぐにわかります。ところが、パイオンはできたときに光速に近い速さで動いているので時間が延び、本当の寿命に比べて長生きしたため、アンデスの頂上に届いたのです。パイオンが壊れてできたミューオンも１００万分の２秒の命ですが、やはり時間が延びているので地上に届くのです。非常に変な話のように思えますが、アインシュタインの相対性理論の通りなのです。パイオンは光速の99.9995% の速さで来れば時間が遅れて寿命が延びるので、アンデスの山頂に届きます。

こうしてめでたくパイオンが見つかりました。「自然界には陽子と中性子という粒子があり、その間をパイオンが行ったり来たりして引力ができる。その引力で中性子と陽子がくっついて原子核ができている。すべての元素はこのようにできているのだ」——と、これで話が終われば良かったのですが、残念ながらそうはならず、ここで大混乱が起きてしまいました。パイオンはだんだんと人工的につくれるようになりました。この人工パイオンを使って実験を進めていくと、パイオン以外に強い力を感じる粒子、つまり陽子、中性子の仲間がゾロゾロと出てきたのです。それを表わしたのが図３・６です。

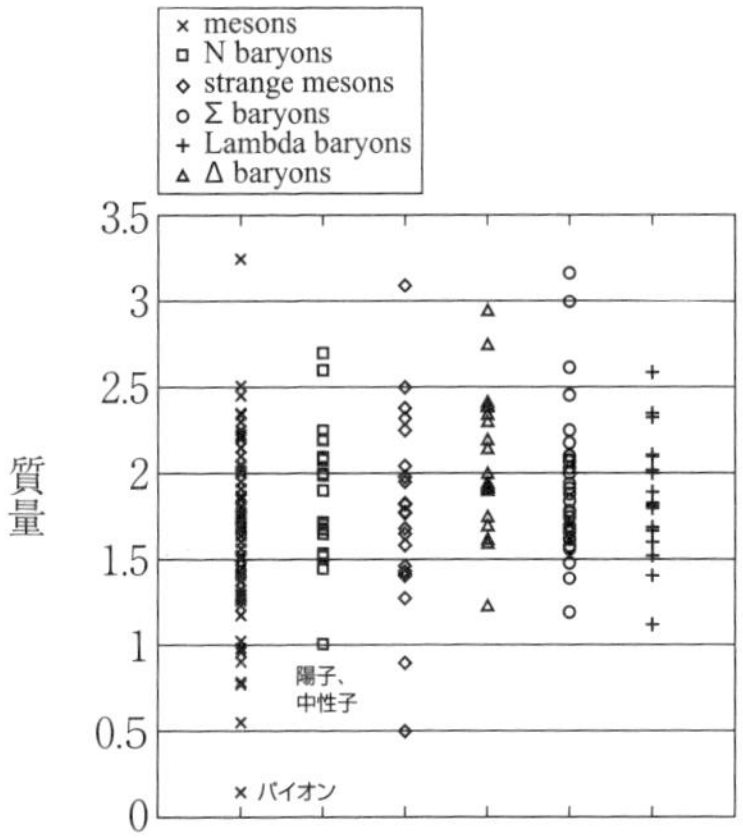

図３・６　ハドロンの発見
陽子と中性子の重さを１とする。

こういう強い力を感じる「ハドロン」という粒子がたくさん見つかりました。中国語の教科書では「強粒子」と書いてあります。「強い力を感じる粒子である」とわかりやすいですね。

質量のもとはクォーク

さて、最初のうちは「新しい素粒子が見つかった」と興奮していた研究者たちでしたが、「すべての〝素〟である粒子がこんなにたくさんあって良いのだろうか?」とだんだん不安になってきました。そこで、「実はもっと基本的なものがあるに違いない」と、マレー・ゲルマンが提唱したのが「クォーク」という考えです。

陽子は、私たちには一つの粒に見えますが、実はクォークというもっと小さい粒が組み合わさってできています。クォークには「アップクォーク」「ダウンクォーク」「ストレンジクォーク」の3種類があり、陽子の中に入っているのは、アップクォークとダウンクォークです。質量はないと考えて良いほど軽い粒子で、陽子の中に永遠に閉じ込められています。不確定性関係を使うと、粒子が閉じ込められていると動ける距離が限られるので運動がぼやけます。運動がぼやけるということは激しく動いているということなので、エネルギーを持っているということです。つまりクォークは狭いところに押し込められているのでエネルギーを持っているのです。陽子は止まっているように見えますが、中でクォークが動いてエネルギーを持っているので、実は陽子はエネルギーを持っているということです。私たちはそのエネルギーを陽子の重さと感じるのです。

これはずっと長いことみんな信じませんでした。すごく変な話だからです。陽子の持つ電気を1として、クォークの電気と比べると、アップクォークは3分の2倍、ダウンクォークとストレンジクォークは3分の1倍の符号が逆となります。なぜそのように半端な電気が必要なのかというところがまず奇妙です。

陽子や中性子の仲間は三つのクォークでできています。中間子はクォークと反クォークの組み合わせでできています。このように三つ、あるいは一対一の組み合わせになぜ揃わなくてはならないのかもよくわかりません。その上、閉じ込められていて絶対に取り出せないというのですから、何かインチキ商売のような話です。

これだけではなくまだ都合の悪いことがありました。陽子や中性子の仲間はクォーク三つでできているわけですが、ものによっては全く同じ種類のクォークが三つ組み合わさってできている粒子があります。物質は同じところに二つ置くことはできないというルールがあるので、物質粒子であるクォークも同じところに三つ詰め込むことはできないはずです。「クォークに限っては例外的に三つまで良いことにしよう」というインチキのような提案をした人もいたのですが、これは本当にインチキでした。そこで南部陽一郎さんが、「同じものを入れることができないはずなのに入っているなら、実はそれらのクォークは同じじゃないのではないか。一つひとつのクォークには光の三原色になぞらえた赤、緑、青いずれかの色が付いていて、粒子の中に入っている三つのクォークは、

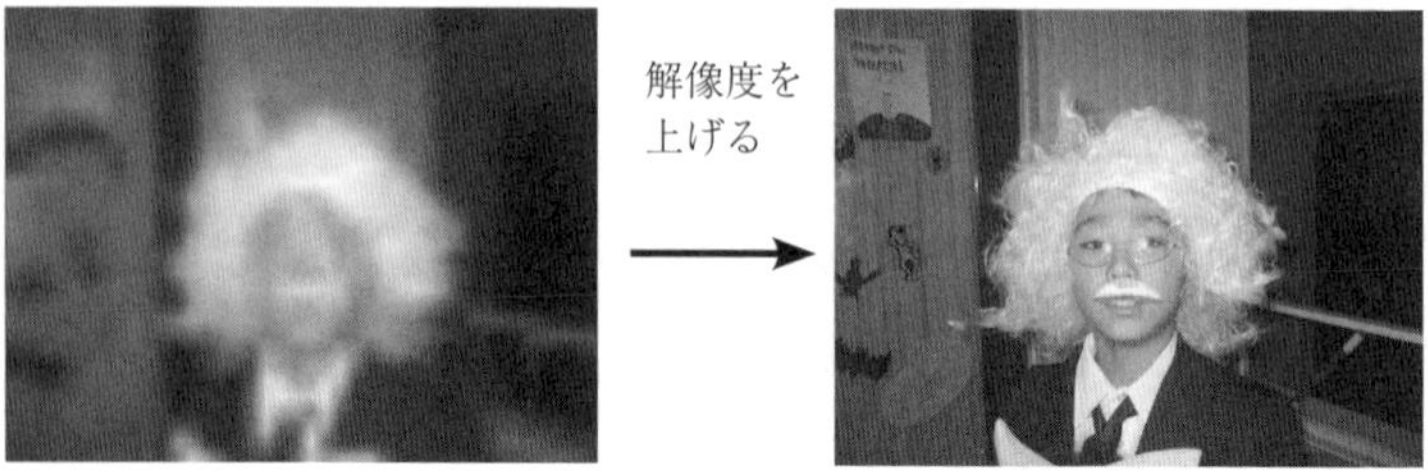

アインシュタイン？　　ハロウィーンの仮装

図3・7　解像度を上げると…

たとえ同じ種類のものでも色が異なるので、同じところに詰めても良いのではないか」ということを言いだしました。これまた、無理矢理こじつけた説明のように思えます。ですからまだみんな「クォークなんて本当にあるのだろうか」と信じませんでした。

ここで「色」という考え方が出てきました。この考え方は、南部さんがハンさんと一緒に書いた論文に掲載されたので、「ハン・南部」と呼ばれています。では、この色の考え方はどのように定着したのでしょうか？　「陽子の中にこういうものが入っている」という話ですから、「もっとよく見る」、つまり解像度を上げて、もっと細かくどうなっているのかを観察することが望まれます。図3・7左の写真は、アインシュタインかな？と思うけれどよくわかりません。そこで解像度を上げたのが右の写真で、実は私の息子がハロウィーンの日にアインシュタインの仮装をしている写真だった、ということがわかります。このように解像度を上げなければ、本当はどうなっているのかわかりません。

解像度を上げるためには、高いエネルギーが必要です。それは、またまた不確定性関係があるからです。小さいものを見るには、粒子を狭いところに入れます。すると運動が激しくなり、エネルギーが高くなります。それなら、始めから高エネルギーの粒子を入れてやれば、小さいものが見えるはずです。そこで実際に高いエネルギーの粒子を打ち込んで解像度を上げ、陽子の中がどうなっているのか調べる実験が行われました。電子を高いエネルギーまで加速して陽子にぶつけ、電子が十分なエネルギーを持っていれば陽子の中が見えてくるという仕組みです。

しかし、もともと電子は強い力を感じない粒子だとわかっていたので、当時ほとんどの研究者は「何も起こらない実験をやるのか」と揶揄《やゆ》したそうです。強い力を調べたいのならば、強い力を及ぼし合う粒子同士をぶつけるのが当たり前なのに、わざわざそうならない粒子を持ってくるとは、なんとも無意味な実験であると批判されたのです。

しかし、とても良い結果が出ました。なぜなら電子と陽子それぞれの役割がはっきりしていたからです。この実験では電子は調べるための道具だったのです。強い力を感じないけれども、性質はよくわかっています。一方、調べられる相手の陽子のことはよくわかっていないので、それぞれに「調べる道具」と「調べる対象」というはっきりとした役割があるという、非常にすばらしいアイデアでした。この実験の結果、ぼやけていた陽子の姿の解像度が上がってきて、確かに中に粒があるらしいとわかりました。これは１９６０年代後半のことですが、ノーベル賞は１９９０年に授与されています。陽子の中には小さな粒があるのだということが、これではっきりしました。

しかし、それでもまだみんなクォークの存在を信じませんでした。「なぜクォークが閉じ込められているのか」という疑問がまだ残っていたからです。確かに陽子の中に何かが見えたのですが、むしろそれが不思議です。強い力で閉じ込められているはずなのに、中に粒が見えたということは、それらは自由に動き回っているということです。強い力でグッと押さえつけられているはずなのに、中で自由に動いている。これは非常に不思議なことです。

四つ目のクォークの発見：11月革命

この問題は１９７４年11月に劇的な解決を迎えました。あまりにみんな驚いたので、「11月革命」という名前で知られています。

二つの大きな実験が行われました。どちらも一見陽子の仕組みに関係がなさそうな実験でしたが、実はとても大事なことだったのです。一つは、ブルックヘブンというアメリカの東海岸、ニューヨーク郊外にある実験所で行われた、陽子を標的に当てて電子を探すという奇妙な実験です。もう一つは、アメリカ西海岸のスタンフォードで行われた電子と陽電子を衝突させる実験です。この二つの実験により相次いで新しい粒子が発見されました。これは非常にドラマティックなことでした。

まず東海岸の実験の論文が11月12日に提出され、翌日の11月13日に西海岸のグループが論文を提出しました。ものすごく緊迫した競争だったことがわかります。東海岸の実験グループのリーダーはサミュエル・ティンという中国系の研究者で、ティンというのは漢字で「丁」と書きます。この字はアルファベットの「J」とよく似ているので、この粒子を「ジェイ」と名付けました。西海岸のリーダーのバートン・リヒターはもう少し遠慮がちに、以前にギリシャ文字のファイ（ϕ）を使った名前の、似た粒子が見つかっていたので、その続きということで「プサイ（ψ）」という名前にしました。この2本の論文が順番に並んで掲載された論文誌には、さらに次のページにも同じ粒子を見つけたというイタリアグループの論文が掲載されています。提出日は11月18日です。

リヒターとティンはノーベル賞を受賞していますが、三つ目のグループはノーベル賞をもらえませんでした。なぜなら、このグループは他の二つのグループが新しい粒子を見つけたという話を聞いて、慌ててそれまでの計画を変更して無理矢理実験したのであって、最初に見つけたのではないとはっきりしていたからです。

この粒子の発見により、何がわかったのでしょうか？　それまでクォークはアップクォーク、ダウンクォーク、ストレンジクォークの三つの種類があると考えられていました。三つもあることだけで不思議だったのですが、ここで四つ目のクォークがあるということがはっきりしたのです。嬉しかったので、「チャームクォーク」というかわいい名前が付きました。チャームクォークと反チャームクォークが一つずつくっついた粒子が、この時見つかった粒子なのです。それだけではなく、チャームクォークとアップクォークがくっついた粒子や、チャームクォークとダウンクォーク、チャームクォークとストレンジクォークがくっついた粒子などもきちんと見つかって、全部つじつまが合ってしまい、否が応にもハドロンはクォークでできているということを受け入れざるを得なくなりました。

クォークの存在を受け入れざるを得ないなら、「閉じ込め」を理解しなければなりません。そしてなぜクォークや反クォークの特定の組み合わせだけが許されるのか、これも理解されなければなりません。これらの疑問は最終的に次の結論が出て決着しました。

「電磁気力が力を及ぼし合うときには光の粒を出す。それと同じようにクォークが力を及ぼし合うときには別の粒子を出す。この粒子が糊のような働きをしてクォークを閉じ込めているのである。」

糊のような働きをしていることから、英語で糊を意味する言葉を使ってこの粒子には「グルーオン」という名前が付きました。「糊の粒子」です。電磁気力が働く場合、粒子が持っているプラスまたはマイナスの電荷を元に光子をつくり、力が出ます。そしてクォークの場合は、先ほど説明した三つの色が元になってグルーオンをつくり、力が出る仕組みになっていることがわかったのです。

この理論がはっきりしたのは、クォークを目で見る実験ができるようになったからです。電子と陽電子を高いエネルギーでガシャンとぶつけると、消滅した後にクォークと反クォークができます（図3・8左）。ところが、もちろんクォークも反クォークも自分たちが粒子の中に閉じ込められなければならないということがわかっています。まず電子と陽電子が消滅してエネルギーの固まりに変わり、それがさらにクォークと反クォークに変わり、二つはどんどん離れていきます。すると、ある時点でクォークは「自分は閉じ込められてなくてはならないんだ」と気がつき、離れていくときに出てくるエネルギーで自分の周りに反クォークをつくり、それと組み合わさって「家」をつくります。このとき反クォークをつくるだけでは粒子数が保存しないので、反クォークとクォークをペアでつくります。すると今度はクォークが余ります。この残ったクォークも閉じ込められなければならないので、またクォークと反クォークがくっついて家をつくるということを繰り返します。この家が陽子、パイオンなどのハドロンで、最終的に「ジェット」と呼ばれる粒子の束として出てきます。クォークができた後で、そこからグルーオンも1個放出したという例も見つかりました（図3・8右）。グルーオンもクォーク同様色を持っており、できたグルーオンがさらにグルーオンを出すということも見つかりました。これは日本のつくばで行ったトリスタン実験によって世界で最初に証明されました。

というわけでクォークが確かに存在するということ、クォークの色が元になってグルーオンを出しており、さらにグルーオンにも色があって反応しているのだということを誰も疑わなくなりました。これらのことがはっきりしたのが１９８０年代後半から１９９０年代のことです。

図3・9は第2章図2・4に似ていますが、強い力の強さ、つまりグルーオンが及ぼす力の強さをさまざまなエネルギーで測ったものです。力が働く物体の間の距離が近い場合、その力を測るためには高いエネルギーが必要です。図3・9によるとエネルギーを高くすると力が弱くなっていきます。このときクォークは自由に運動できます。ところが、物体の間が遠い場合に働く力を測るためにエネルギーを下げると、力が非常に強くなります。するとクォークを取り出そうとして遠くへ引

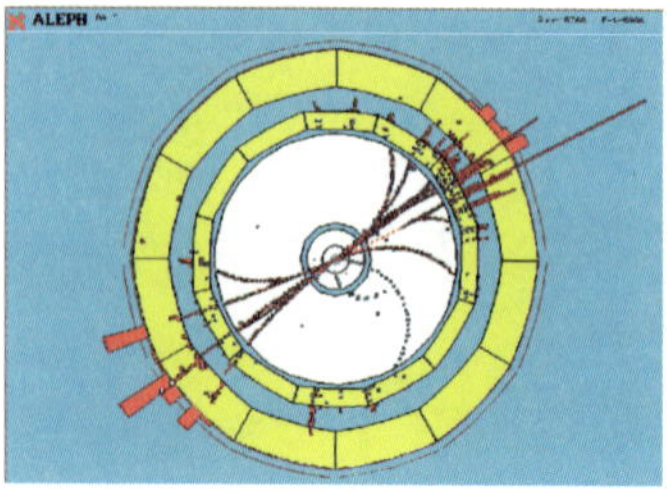

クォークと反クォーク

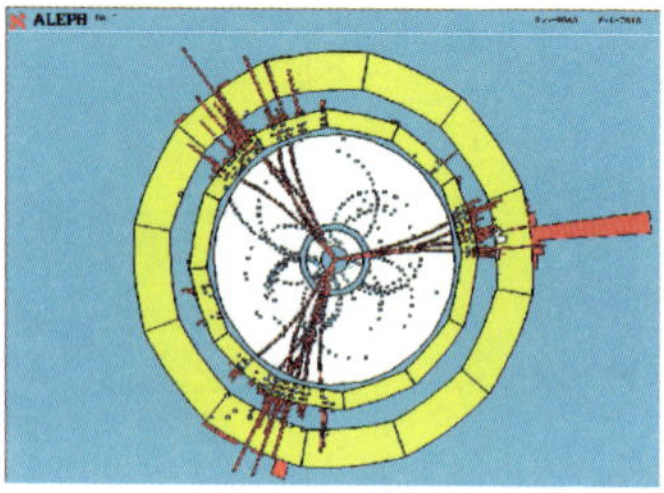

グルーオンも放出

図3・8　クォークとグルーオン

電子と陽電子を衝突させると、消滅してエネルギーの固まりになり、クォークと反クォークのペアに変わる。それぞれが自分を閉じ込める「家」をつくり、ジェット（粒子の束）として出てきたもの。右の例ではさらにクォークがグルーオンを放出し、三つのジェットが見える。(Credit: CERN)

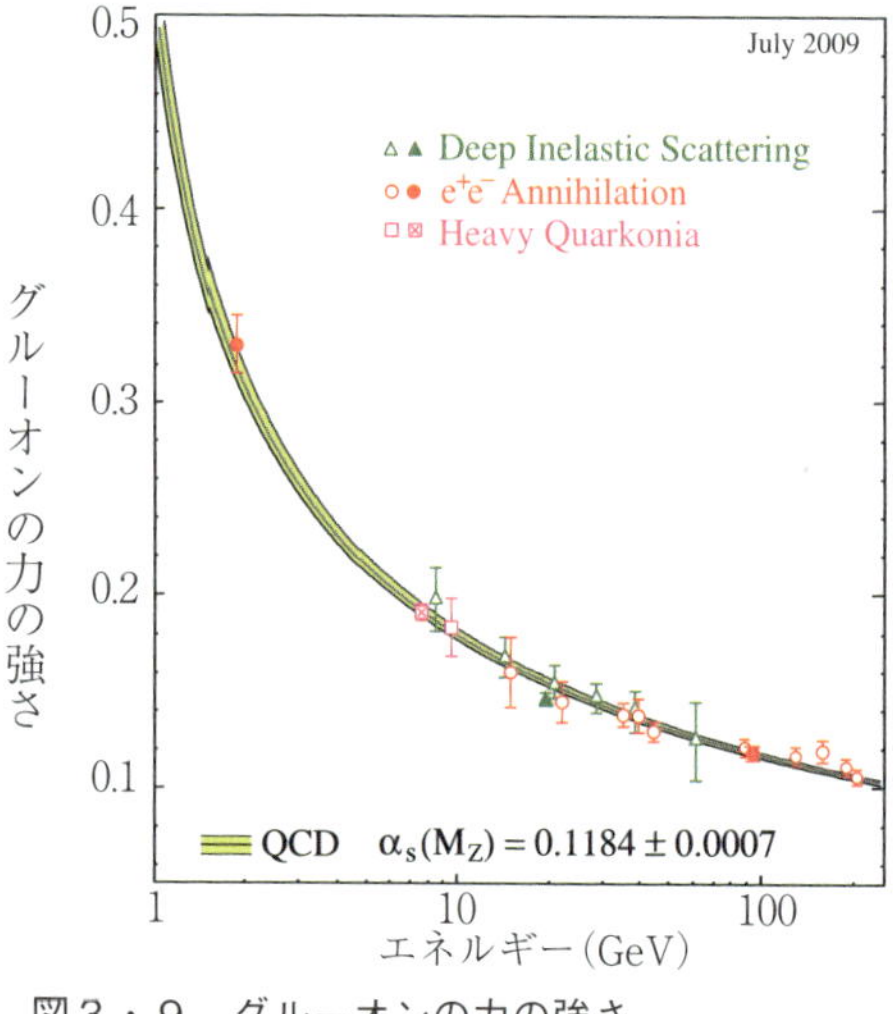

図3・9　グルーオンの力の強さ

(Cited: K. Nakamura et al. (Particle Data Group), J. Phys. G 37, 075021 (2010))

っ張るほど力がどんどん強くなっていって、最終的には取り出そうとする手を離すしかなくなります。だからクォークは絶対に取り出せないのです。この「力の強さはエネルギーによって変わる」という性質が実験で明らかとなり、理論的にも説明できたので、確かにクォークは取り出せなくて当然だということが最終的にわかりました。この理論的な説明を与えたのがグロス、ポリツァー、ウィルチェックの３人です。彼らの功績にノーベル賞が授与されたのは２００４年ですから、強い力の正体がきちんと明らかになったのは最近になってのことだということです。

しかし、まだ難問が残っています。エネルギーを非常に小さくする、つまりとても遠い距離の間に働く力を測るということになると、力があまりにも強くなり、実際に計算できなくなって理論を検証するのが難しくなります。そういう計算をするには日本が誇るスーパーコンピュータを何カ月も動かし続けてやっと答えが出るというような、ものすごく大変な計算をしなければなりません。そういう計算によって、きちんと理論（図３・10の罫線）と実験のデータ（図３・10の赤い丸）が、ほぼ合っているということが明らかになりました。湯川さんから始まった理論が本当にその通りになっているということが、最近になってはっきりしてきたのです。

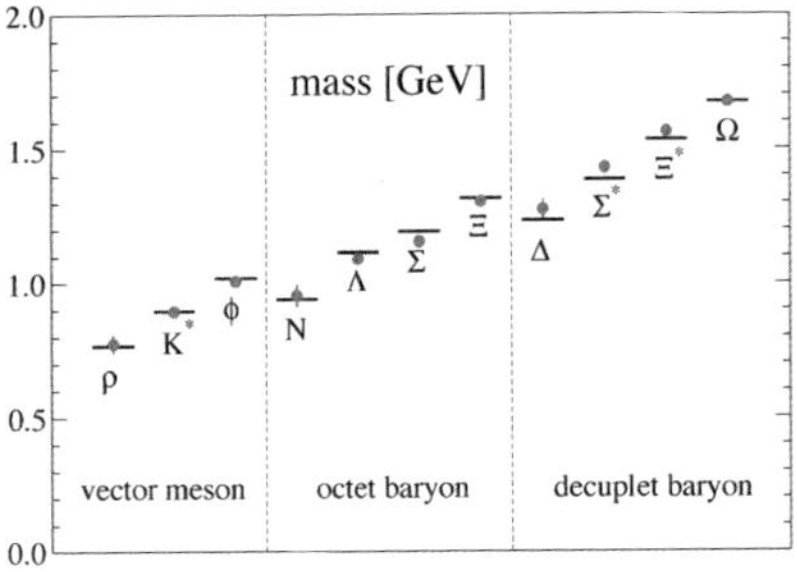

図３・10　ハドロンの質量の理論値と実験値
（N. Ukita et al., PoS（LATTICE 2008）097 courtesy of PACS-CS Collaboration）

こうしてわかってきたことは、宇宙が始まって最初の10万分の1秒ほどはクォークとグルーオンの液体だったということです。そして温度が下がるとエネルギーも下がり、強い力がとても強くなってクォークが閉じ込められ、陽子、中性子、パイオンの世界になります。さらに宇宙の年齢が1秒くらいの頃に、陽子と中性子が結びついて原子核ができてきたのです。宇宙の始まりまで大分迫ってきました。

元素の起源

こうして、宇宙の始めに遡っていくとクォークとグルーオンの液体になることがわかりました。今度は時間を前向きに進めて、私たちの身の周りの元素がどうやってできてきたのかを考えてみましょう。クォークとグルーオンの液体を徐々に冷やしていくと、エネルギーが下がってくるので、強い力がとても強くなってクォークが閉じ込められる瞬間があります。これが宇宙年齢にして10万分の1秒、温度が1兆℃という灼熱の世界です。このときに原子核の元になる陽子、中性子ができました。しかしまだ温度が高すぎて陽子も中性子も激しく運動していますので、組み合わさって原子核を作ることができません。

実は、中性子は放っておくと15分ほどで陽子に壊れてしまいます。中性子がすべて壊れてしまうと人類に必要な炭素や酸素ができません。そこで15分経つ前に原子核をつくり始める必要があります。時間との戦いです。ウルトラマンのカラータイマーを思い出しますが、あれは3分なのでその5倍の時間があります。

幸い、宇宙が10秒程度の年齢になると温度が10億℃まで下がってきて、原子核をつくれるようになります。数分の間に、まだ壊れていない中性子はほとんどヘリウムの原子核であるα粒子として取り込まれます。α粒子は陽子二つ、中性子二つでできたとても安定な原子核で、これで中性子をとっておくことができるようになりました。しかし、ヘリウム以上に大きな原子核は、この時点ではほとんどつくられません。それでは炭素や酸素はどこから来たのでしょうか？

ヘリウムよりも大きな元素ができるのはずっと後のことです。宇宙が4億歳になり、暗黒時代が終わって星ができてくると、星の中で質量をエネルギーに変える反応が起き、星が光ります。このときに小さな原子核をくっつけて大きな原子核をつくり、質量欠損をエネルギーの形で放出するのです。このためには第4章に出てくる「弱い力」が活躍します。私たちの太陽の中でも水素が反応してヘリウムをつくる反応が進んでいます。第1章でお話ししたように、いずれ水素を使い果たして不安定になり、約50億年後にはブワッと広がり、地球を飲み込んでしまいます。その後さらにヘリウムをくっつけて炭素、酸素ができてきます。もっと重い星ならば、最終的に鉄までの大きな元素が作れます。

しかし星の中心に炭素や酸素、鉄ができても、取り出せないのではないでしょうか？　もっともな疑問です。確かに太陽のような星でできた元素はそのままでは取り出せません。しかし、太陽の

図３・11　大マゼラン星雲での超新星

1987年に弟分の銀河である大マゼラン星雲で観測された超新星。このときに放出されたニュートリノを観測したことで、小柴さんはノーベル物理学賞を受賞。超新星が原子核の反応を起こしていることの直接の証拠になった。
（Credit: Anglo-Australian Observatory/David Malin）

10倍ほど大きな星の場合は、あまりに重力が強いので寿命の最後にグシャッとつぶれ、太陽1個分の重さが半径10kmに押し込まれるというすさまじいことになります。その反動で大爆発を起こし、銀河全体と同じくらい明るくなります。銀河系の中で起きると昼間でも見えるくらいで、第1章にも登場しましたが、これを「超新星」と言います（図３・11）。聖書に出てくる「ベツレヘムの星」はこの超新星ではないかと言われています。この爆発で、星の中でできた元素がまき散らされ、塵になり、塵を集めてまた新しい星ができるのです。こうした世代交代で地球が生まれました。炭素、酸素、ケイ素、ナトリウム、カルシウム、鉄など、人体を作るために必要な元素が地球にあるのは、超新星のおかげです。私たちは「星のかけら」なのです。

しかし、元素の起源についてもすべてがわかったわけではありません。重い星の中でできる元素は鉄までで、さらに大きな鉛、銀、銅、金、白金などはつくられません。それではティファニーで売っているあの宝石はどこから来たのでしょう？　ｉＰｏｄの電子回路に必要な銅線はどうやってできたのでしょう？

今有力な説は、こういった重い元素ができたのもまた超新星のおかげだというものです。超新星が起きると、星がグシャッとつぶれるときに陽子の間の電気の反発を押さえるために、陽子が中性子に変わっていきます。そのため超新星爆発では中性子がたくさんできます。この中性子が鉄の原子核にポップコーンの雪だるまのようにたくさんくっついて、大きな元素ができたのではないか、というのです。

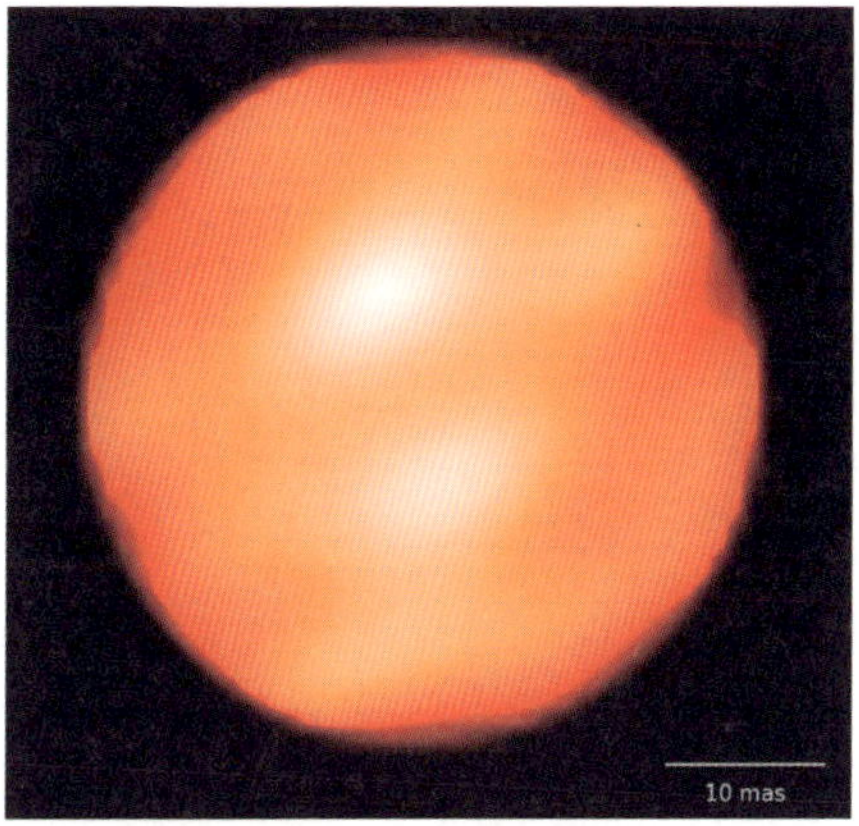

図３・12　ベテルギウスの表面
明るい部分が張り出してくるところ。表面が振動を始めて不安定になってきていることがわかる。(Credit: Dr. Xavier Haubois (Observatoire de Paris) et al.)

銀河系で超新星が起きるのは30年から50年に１回と言われています。現在、例えばオリオン座のベテルギウスは寿命に近づき、表面がぼこぼこと振動を始めて不安定になってきています（**図３・12**）。銀河系で超新星が起きれば、大きな元素がつくられる現場を押さえて現行犯で捕えられるかもしれません。楽しみです。

第４章　型破りな「弱い力」

第3章では、宇宙の前へ前へと遡り、クォークとグルーオンのスープで満ちた、宇宙年齢にして10万分の1秒、温度が1兆℃の頃のお話をしました。第4章では宇宙に満ちた「ヒッグス」という量子流体が蒸発して気体になる、宇宙の最初の1兆分の1秒の世界に入ります。

β崩壊を引き起こす「弱い力」

クォークとグルーオンに満ちた宇宙よりもっと前に迫っていくとき、大事なのが「弱い力」です。これも強い力と同じようにあまり日頃馴染みがない言葉ですが、「放射性炭素年代測定」という言葉を耳にしたことはないでしょうか？　考古学で、遺跡の中から掘り出した木の桶や、動物の骨などの中に含まれる、炭素14（^{14}C）という特殊な炭素を使い、年代を測定する方法です。^{14}Cは５７３０年くらい経つと半分に減るという性質があるので、調べたいものの中の^{14}Cの残量を測ると、どれくらい古いものかがわかります。この壊れ方を「β崩壊」と言い、このβ崩壊を引き起こす力を「弱い力」と言います。

さて簡単に「壊れる」と言っていますが、β崩壊はなかなか不思議な現象です。炭素が窒素に変わり、そのときに陽子と中性子でできている原子核から電子が出てくる、という不思議なことが起きています。さらに不思議なのは、出てきた電子のエネルギーを測ってみると、どうもエネルギーが保存していないように見えるということです。

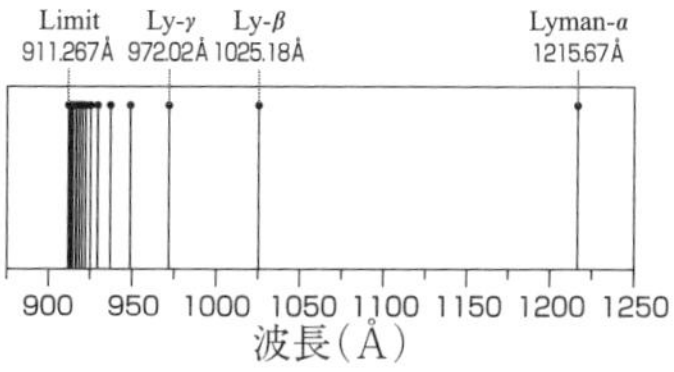

図4・1　離散エネルギー

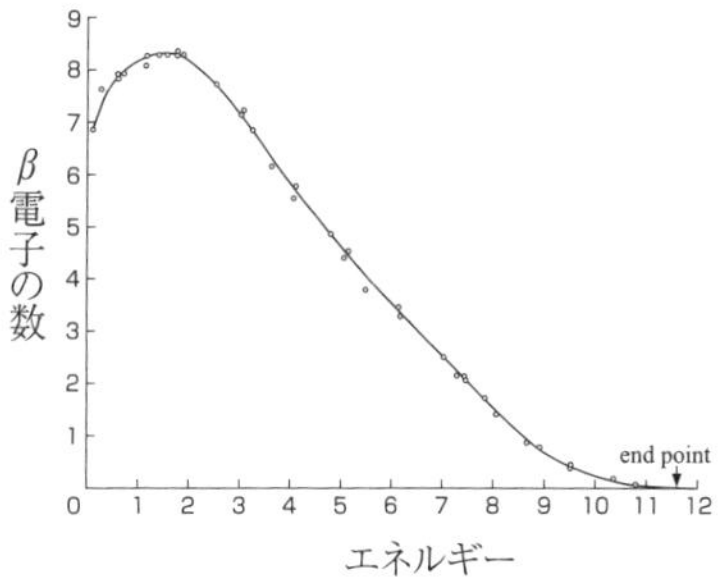

図4・2　原子核から放出されるβ電子のエネルギー

普通、原子がある状態から別の状態に変わるとき、光が出てきます。その光のエネルギーを測ると、「離散エネルギー」という飛び飛びの決まった値のエネルギーが出てきます（図4・1）。なぜこういうことになるのでしょうか？　理由はとても簡単で、エネルギーが保存しているからです。原子がある状態から別の状態に変わるとき、最初と最後のエネルギーは決まっているので、出てくる光のエネルギーもその差で決まるからです。

ところが原子核から出てくるβ崩壊の電子のエネルギーを測ると、飛び飛びではなく繋がっています（図4・2）。出てくる電子のエネルギーが、最初の状態のエネルギーと最後の状態のエネルギーを比べたときの差よりもいつも少ない、つまりエネルギーがなくなってしまったように見えるのです。こんなことがあっていいのだろうかと、1930年頃大騒ぎになりました。ノーベル賞も受賞しているボーアという有名な物理学者は、「もしかすると、原子核の世界というのはあまりにも不思議な世界なので、エネルギーは保存していないのではないか」とい

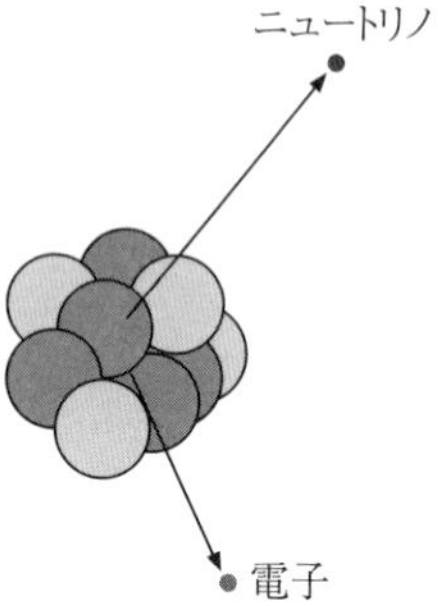

図4・3　ニュートリノを放出？

うことを言い出したくらいです。そこでパウリが苦し紛れに次のような仮説を立てました（図4・3）。

「β崩壊が起きて原子核から電子が出てくるときには、実はもう1個見えない粒子〝ニュートリノ〟が出ている。電子しか見えないのでエネルギーがなくなっているように見えるのだけれども、実はニュートリノがエネルギーを持って運んで逃げているのであって、全体ではエネルギーを保存しているのだ。」

パウリ本人は苦し紛れの説だと言いましたが、最終的にこれが正しかったのです。なぜそういうことがわかるのでしょうか？　最近のおもしろい例を紹介しましょう。

太陽の核融合でニュートリノができる

太陽はなぜ光っているのかを考えてみましょう。私たちの祖先は太古の昔から太陽を見てきました。19世紀の終わり頃、かなり科学が進歩してくると、その当時一番優秀だと言われていた物理学者ケルビン卿が、「太陽はせいぜい後３０００万年くらいしか保たない」と言いました。ものを燃やしてエネルギーが出るとすると、太陽がこんなにエネルギーをたくさん放出していたらすぐ死んでしまうというのです。３０００万年は一見長いように思えますが、地球の歴史を考えてみるとほんのわずかな時間なので、おかしな話です。特に生物学者ダーウィンは、「動物が進化する歴史や地質学のデータを見ると、地球は46億歳くらいなのだから、そんなに早く太陽が燃え尽きてしまうのはおかしいじゃないか」と反論しました。

この争いは物理学者が間違っていました。何を間違えたかというと、ケルビン卿は、エネルギーを出す方法として、実際にものを燃やす方法しか知らなかったのです。それではたいしてエネルギーが出ません。実は別の反応があったのです。

別の反応というのは、**図４・４**の「核融合反応」です。水素の原子核である陽子を四つ組み合わせるとヘリウムになります。これも変な反応ですが、陽子がここで中性子に変わり、その分余った電気を反物質の陽電子として吐き出して、さらにニュートリノも一緒に放出されるという反応が起きています。この反応を「核融合」と言います。太陽ではこの核融合反応が起きてエネルギーを放出しているのです。

第２章でも述べましたが、エネルギーと質量は同じものなので、反応前の重さを全部合わせると反応後の重さよりも多くなります。重さが減った分をエネルギーとして放出しているからです。太陽はエネルギーを放出しながら毎秒43億kgずつ軽くなっています。太陽は非常に重いので43億kg軽くなってもあまり軽くなったように見えませんが、これだけのエネルギーを放出しながら光っているのです。なぜそんなことがわかるのでしょうか？　この反応は太陽の表

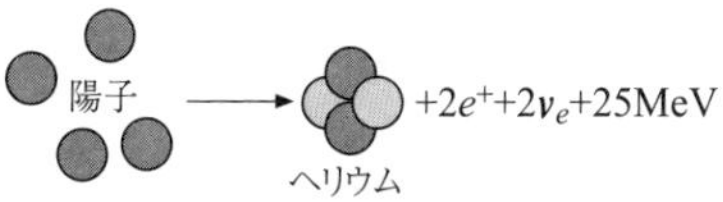

図４・４　核融合反応
陽子が集まってヘリウムをつくる。

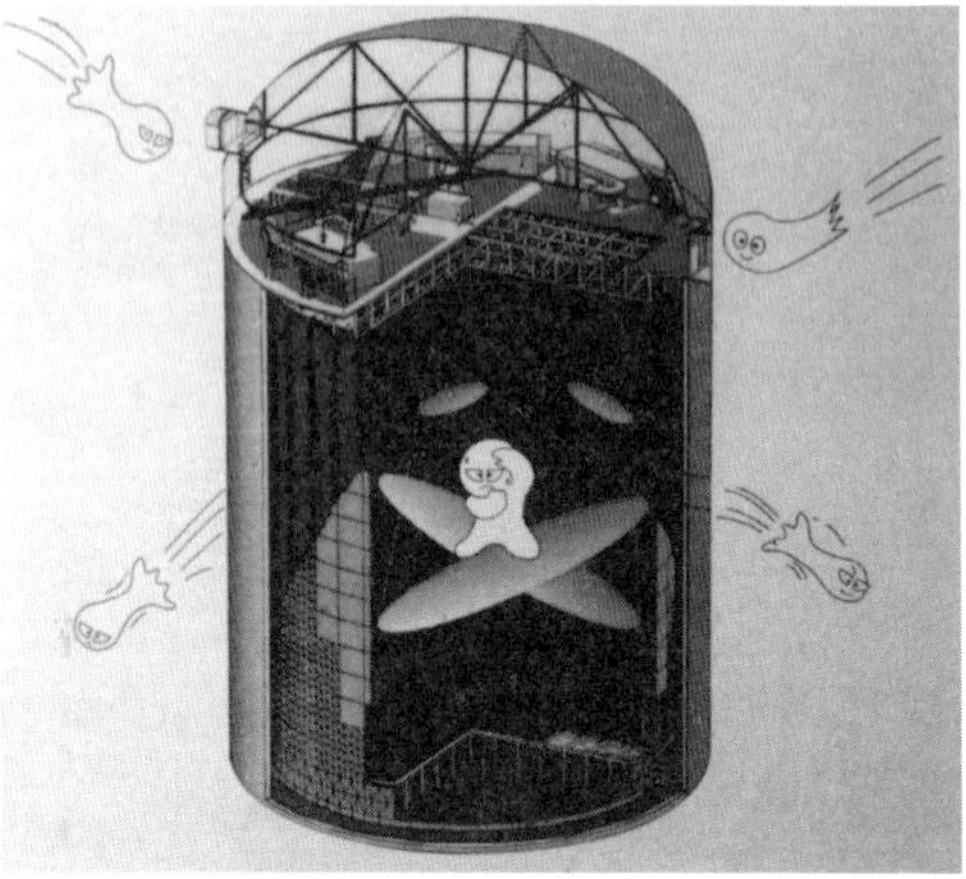

図4・5　スーパーカミオカンデ
飛んでいるお化けはニュートリノを表している。スーパーカミオカンデに入ると、たまに姿が見えてしまう。（鈴木厚人氏　提供）

面ではなく中心で起こっている反応ですから、目で見ることはできません。決定的証拠を示したのが、小柴昌俊さんがノーベル賞を受賞した偉大な仕事です。

太陽の中の核融合反応でできるニュートリノは、お化けのような粒子で、どんなものもスースーと通り抜けていきます。第3章でミューオンという粒子が私たちの身体の中を通り抜けていると述べました。ニュートリノはミューオンよりもっと多く、毎秒何兆個も通り抜けていますが、やはり何も感じません。このニュートリノが太陽から来ているということを捕らえられれば、「確かに太陽の中で核融合反応が起きているんだ」という決定的な証拠になります。そのためにつくられた実験施設の一つが、岐阜県の神岡鉱山の地下にあるスーパーカミオカンデです（図4・5）。

スーパーカミオカンデは地下1000mの真っ暗闇の中にあり、中には5万トンというものすごい量の水が蓄えられています。ニュートリノが貯水槽を通過するとき、ごくたまに水の中の電子をはじき出します。その電子は水中で微かな光を放つので、スーパーカミオカンデではこの光を捕らえようとしていました。貯水槽は10階建てのビルくらいの大きさがあります。そのぐらい標的が大きければ、滅多に反応しないニュートリノでも、たまには当たってくれるのではないかと期待が持てます。実験の結果、どうにか1日に10回くらい当たって反応してくれます。そのわずかな機会を辛抱強くじっと待っていると、ニュートリノはどんなに地下の奥深くでもスルスルと入ってくるので、光の届かない真っ暗闇でも写真を撮ることができました（第1章図1・3）。これがニュートリノが地球に来ているという証拠で、太陽の中心で核融合反応が起きていて太陽が燃えているという決定的な証拠なのです。

巨大な太陽は弱い力を使って燃えている

実は、太陽は核融合反応で燃えるときに弱い力を使っています。太陽の中では弱い力が大事な役割を果たしているのです。では弱い力はどのように起きているのでしょうか？

考え方は、これまでに登場した他の力と基本的に同じです。第3章で電磁気力は光の粒である光子が飛ぶことによって起き、強い力はグルーオンという粒子が飛ばしていると述べました。そこで「弱い力にも、弱いので見えにくいが、やはりそれを飛ばしている粒子がある」と予測され、これに「W粒子」と名付けました。「弱い」は英語で「weak」なので、その頭文字をとってWと言って

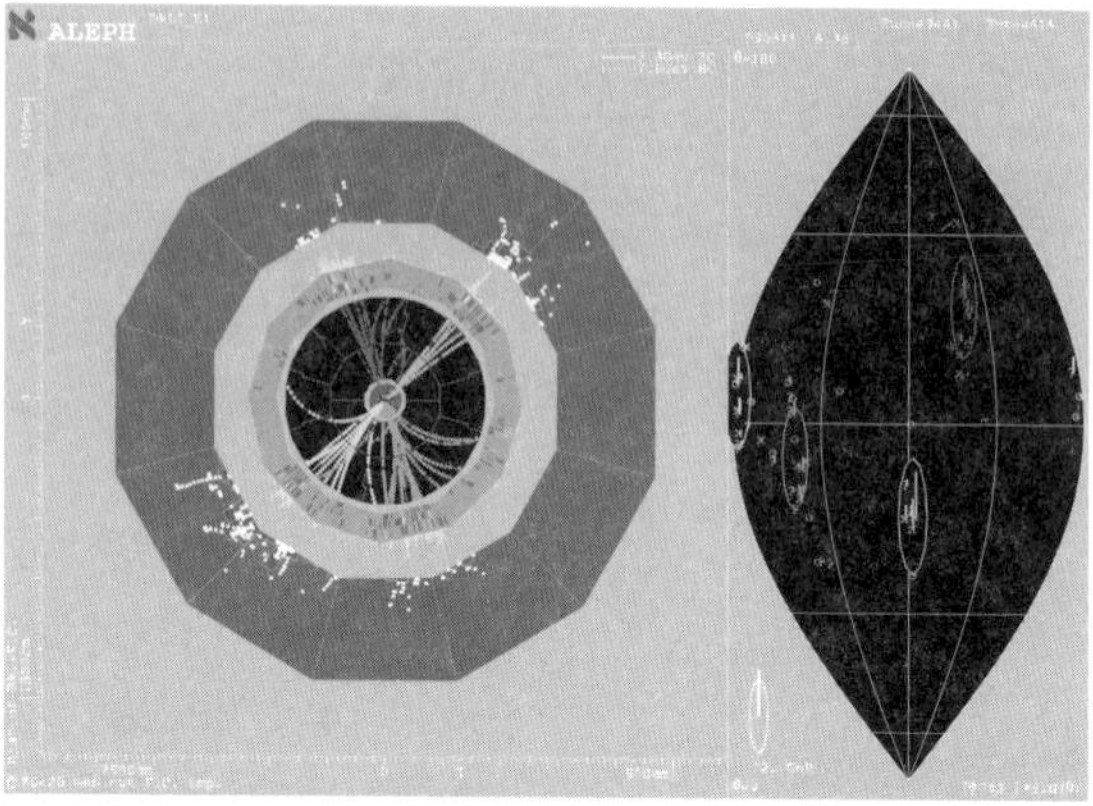

図4・6　W粒子
電子と陽電子が消滅して W^+ と W^- ができ、それぞれすぐにクォークと反クォークに壊れる。そのクォーク二つと反クォーク二つが閉じ込めの効果で「家」をつくり、ジェットとして観測される。左側は電子の向きから見た様子。右側は地球の地図のように衝突点の周りを開いた図。確かに４本のジェットが見える。(Credit: CERN)

います。しかし、実際に見つけるまでは科学者は本当にあると信じません。これはなかなか見つかりませんでした。なぜなら、パイオンに比べて1000倍重い、つまりエネルギーを1000倍つぎ込まなければつくることができないからです。パイオンは宇宙線の中で割と簡単につくられるため、高い山に登れば見つけることができましたが、W粒子は人工的につくるしかありません。

　パイオンをつくるときの1000倍のエネルギーが必要なので、第2章で述べた不確定性関係を使ってエネルギーを借りても短い時間で返さなければならず、遠くまで行けません。この弱い力は、原子核の大きさのさらに1000分の1くらいの距離までしか届かないという、非常に短い距離でしか起きない力だということもはっきりしてきました。

　物理学者は長い間この粒子を探していましたが、CERN（第1章図1・16）で1984年に初めてW粒子がつくられました。粒子を高いエネルギーまで加速してガシャンとぶつけることで、エネルギーをつぎ込みます。図4・6はCERNで電子とその反粒子である陽電子をぶつけてW粒子をつくることができたという例です。何かややこしく見えますが、プラスの電気を持っているW粒子（W⁺）とマイナスの電気を持っているW粒子（W⁻）が粒子・反粒子の関係にあるので、一緒にペアでできたという図です。できたW粒子はクォークと反クォークに壊れます。第3章でも述べましたが、クォークはできるとしばらくはそのまま飛んでいくのですが、途中で「おっと、自分は閉じ込められなければいけないんだ」と気が付いて、周りに「家」をつくり始めます。この家がスプレーのようにワーっといろいろな粒子の束（ジェット）として出てきます。

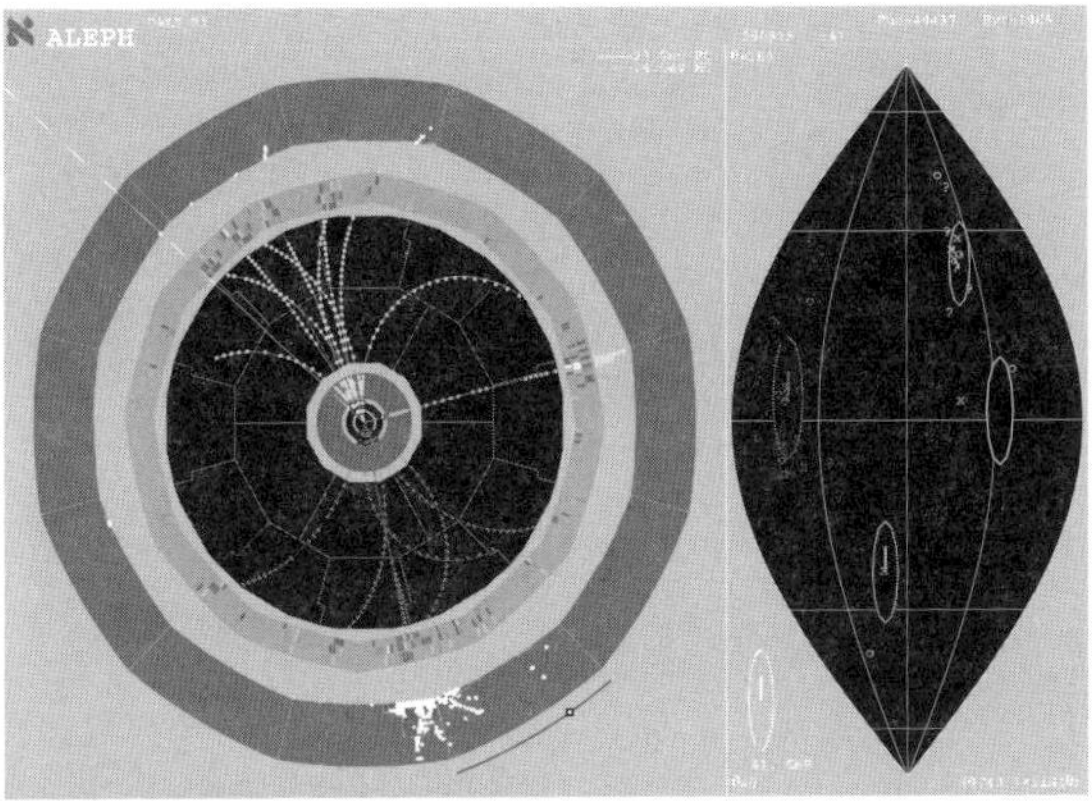

図4・7　W粒子・別の例

同じくW⁺とW⁻ができ、一つがクォークと反クォーク、もう一つが電子とニュートリノに壊れた例。ニュートリノは見えないので、全体的にアンバランスに見える。(Credit: CERN)

この図には4本のジェットが見えます。クォークと反クォークが一つずつ組み合わさり、一つのW粒子に対応しています。反対側にもクォークと反クォークがあり、もう一つのW粒子に

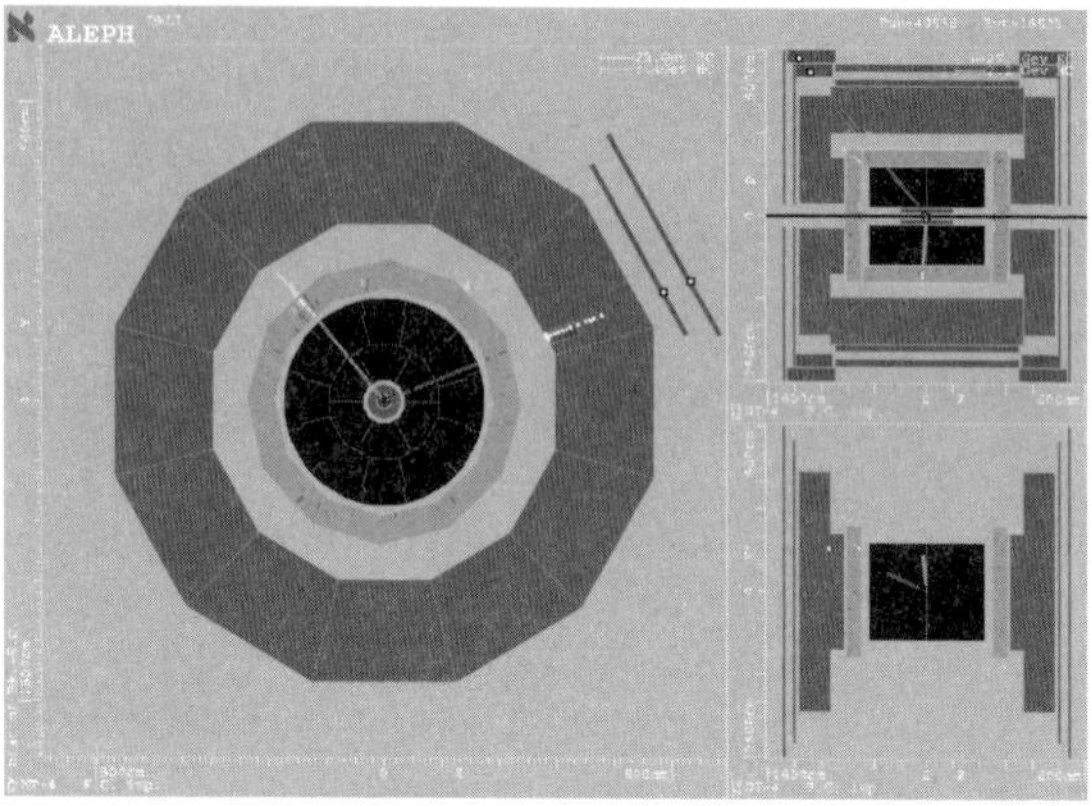

図4・8　同じくW$^+$とW$^-$の生成
一つのW粒子が電子と電子ニュートリノ、もう一つがミューオンとミューニュートリノに壊れた例。(Credit: CERN)

対応しています。このようにW粒子が見えるようになりました。

別の例を図4・7に示します。この図でもクォークと反クォークができていますが、右向きに出ているのは電子です。左側には何もありません。この図では一つのW粒子が電子とニュートリノに壊れているのですが、ニュートリノは見えないので、エネルギーを持って逃げたように見えます。左側に何もないというのは実はニュートリノができたことの大事な証拠になっています。

図4・8は一つのW粒子が電子と電子ニュートリノに、もう一つのW粒子がミューオンとミューニュートリノに壊れたという図です。左下の方は空っぽに見えますが、上と右側に粒子が出ているのに反対側に出ないということはあり得ないので、左下にも何かあるはずです。これはやはり、ニュートリノが左に一つ、下に一つ出ているのです。

このようにW粒子を実験室でつくり、観察できるようになりました。これによって、あまり遠くまでは行けませんが、W粒子が飛んで弱い力を運んでいるということがはっきりしました。これ以外にも弱い力に関する奇妙なことがたくさん見つかりました。

右と左の違い

奇妙なことの一つの例は、ウーさん（呉健雄）という女性の物理学者がβ崩壊の実験をして見つけました。原子核には、クルクル回る「スピン」という性質があります。ウーさんはスピンの方向がそろった原子核を用意し、β崩壊したときにどちらの向きに電子が出てくるのかを調べました。そして、原子核がクルクル回っている向きと電子が出る向きには決まった関係があるということを見つけたのです。

実験に使用したのはコバルトの原子核です。反時計回りにクルクル回っているときには電子は下向きに出やすく、あまり上向きには出ません（図4・9）。それだけ聞くと「何だ、そんなことか」と思いますが、よく考えてみるととても奇妙なことなのです。ウーさんが行った実験を鏡に映してみると、反時計回りに回っているコバルトの原子核は時計回りに回ります。ところが電子は鏡に映してもやはり下向きに出ています。つまり、本当の世界では反時計回りに回っている原子核が下向きに電子を出したがるのに対し、鏡の世界では時計回りに回っている原子核が下向きに電子を出したがるということです。本当の世界と鏡の世界が逆のふるまいをしていることになります。

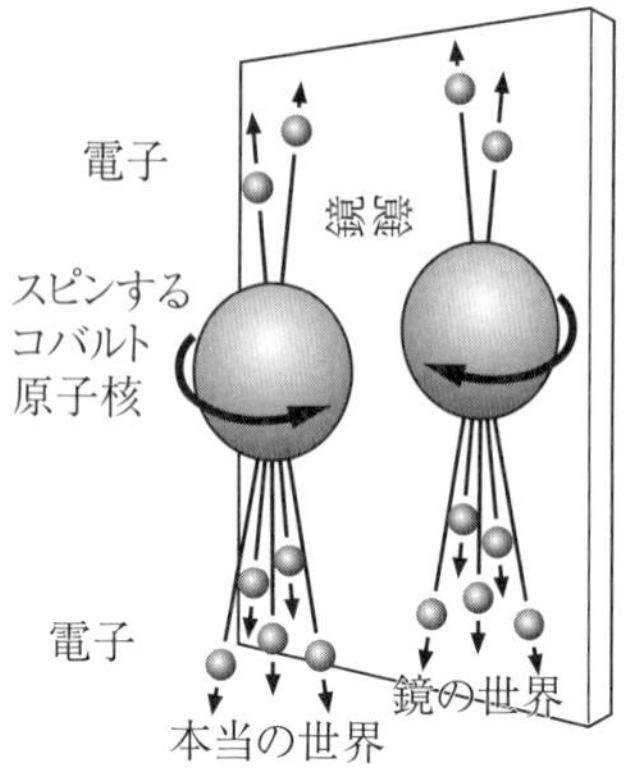

図4・9　ウー女史の実験

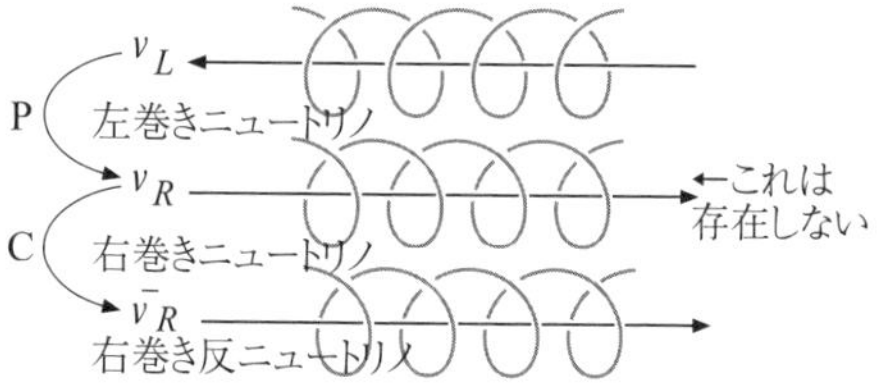

図4・10　ゴールドハーバーらによる実験
ニュートリノは左巻きしか存在しない。パリティを行うと、存在しない「右巻きのニュートリノ」になってしまう。そこでさらにC変換を行うと、「右巻きの反ニュートリノ」になり、これは存在する。

それまでは、重力や電磁気力、強い力などのどんな力にも、右左の区別がなく、私たちの世界と鏡に映した世界の物理法則は同じであると考えられてきました。これを「パリティの保存」と言います。そのパリティが破れているのだということが発見されたのです。もし宇宙人と交信するとしても、コバルト原子核の向きを例に挙げれば、「右はこっちですよ」、「左と違いますよ」と左右の違いを説明できるということです。

右と左は根本的に違う。そのことが一番ドラマチックに出てきたのがゴールドハーバー、グロッジン、サンヤーの3人が行った実験のデータです（図4・10）。3人はニュートリノの回転方向を調べました。ニュートリノはお化けのようになかなか捕まえられませんので、どちら向きに回っているのか調べろと言われても、どうやるんだという話になります。しかし、3人が非常に巧妙な実験で調べると、ニュートリノはすべて左巻きだということがわかりました。これは、進行方向を向いていつも反時計回りに回っているということです。この「ニュートリノはみんな左巻きである」というのも、やはりパリティが破れているということなのです。

左巻きのニュートリノを鏡に映すと、当然右巻きに変わります。しかし右巻きのニュートリノは存在しません。つまり、存在しているはずの粒子が存在しなくなってしまうということなので、私たちの世界と鏡の世界は全く異なるということです。確かにパリティは破れていると認めざるを得ません。

しかし今度は、鏡に映し、さらに粒子と反粒子を入れ替える「C変換」を行えば対称性が保たれるのではないかと考えられはじめました。左巻きのニュートリノを鏡に映した、右巻きのニュートリノは存在しませんが、ニュートリノを鏡に映し、さらに粒子と反粒子を入れ替えた右巻きの反ニュートリノは存在します。だから鏡の世界は破れましたが、鏡に映した上で粒子と反粒子をひっくり返せば、対称性が残っていると考えられるようになりました。このことを、パリティの「P」と粒子と反粒子の入れ替えの「C」の両方を行うので「CP」といいます。同じように、左巻きのニュートリノをC変換すると、左巻きの反ニュートリノになってしまい、これも存在しません。しかし、CPを行えば、存在する右巻きの反ニュートリノになります。このCPがどうなっているのか、というのが、2008年にノーベル賞を受賞した小林・益川理論の話です。

小林・益川の思い切った予言

ここまではっきりしたのは、「パリティ（Ｐ）も、粒子と反粒子を入れ替えるＣ変換も破れている。けれど両方あてはめると左巻きのニュートリノは右巻きの反ニュートリノになり、ＣＰは破れていないようだ」ということでした。１９５０年代の終わり頃までの話です。ところが今度はこのＣＰが破れてしまいました。それが西暦何年のことだったか、よく覚えています。なぜなら私が生まれた年、１９６４年だからです。

同じものに2回ＣＰを行うと元の状態に戻ります。ＣＰを行うことはかけ算で考えます。かけ算では、何も変わらないことは「１」をかけることなので、２回ＣＰを行うのは「+1」です。「ＣＰを2回行って答えが1になる」ためには、２回かけ算をして+1にならなければならないので、「+1」の場合と「−1」の場合があるという考え方をします。これをそれぞれ「ＣＰ＝+1」「ＣＰ＝−1」と言います。

パイオンの仲間の中間子の一つに、「Ｋ中間子」という特別な粒子があります。この粒子には、寿命が短い「ショート（K^0_S）」と寿命が長い「ロング（K^0_L）」という二つの種類があります。K^0_Sは二つのパイオンに壊れます。パイオンはＣＰ＝−1の粒子です。−1が二つなので−1×−1でK^0_SはＣＰ＝+1になります。一方、K^0_Lは三つのパイオンに壊れます。こちらは−1×−1×−1なので、K^0_LはＣＰ＝−1です。逆に言えばK^0_SはＣＰ＝+1なので必ず2個もしくは偶数個に壊れ、K^0_LはＣＰ＝−1なので必ず３個もしくは奇数個に壊れるはずです。１９６４年に見つかったのは、この奇数個にしか壊れないはずのK^0_Lが１０００分の1くらいの確率で偶数個に壊れる場合があるということでした。ＣＰ＝−1のはずのK^0_Lが、二つのパイオンに壊れたということは、ＣＰ＝+1に変わってしまった、つまりＣＰも破れているということがわかりました。弱い力というのはことごとくいろいろな保存則を破ってきた不思議な力なのです。

第３章で述べたようにミューオンなどの粒子が見つかり、さらにストレンジクォークが見つかったときに、「なぜこんなものがあるんだ」「こんなにクォークの種類があるのは不思議だ」と言われました。そのような時代に、小林誠さんと益川敏英さんは「ＣＰの破れを理解するためには、同じ性質の素粒子は本当は３種類ずつあると考えるべきだ」という思い切った予言をしました。新しい粒子が1個見つかったときにすら「誰がそんなもの注文したんだ」と文句を言われたくらいですから、粒子の数が増えるなどということがとても嫌がられていた時代に、「もっとある」と小林さんと益川さんは言い出したのです。１９７２年のことです。同じ性質の素粒子が繰り返し現れることを「世代」と言います。ではなぜ、二人は「三世代である」ということを大事に思ったのでしょうか？

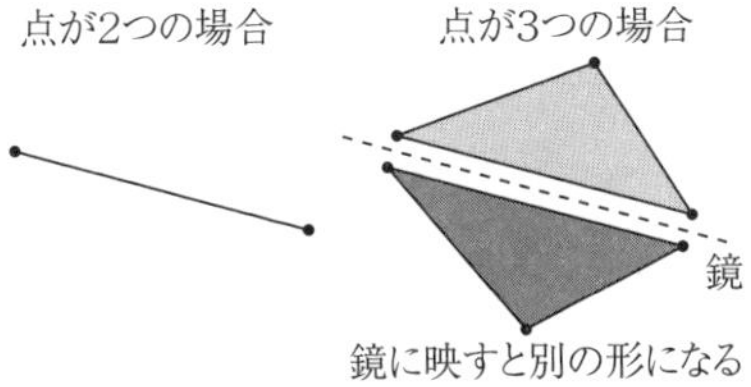

図４・11　「２」と「３」の違い

図4・12　粒子の重さの違い

「二つまで」と「三つ以上」には根本的に違いがあります。三つの点を直線で繋げると、図4・11右の薄いグレーの三角形ができます。反粒子は粒子を鏡に映したようなものなので、薄いグレーの三角が粒子だとすると、反粒子はそれをパタンとひっくり返した濃いグレーの三角形です。二つを比べてみると、粒子と反粒子で形が違っています。これが粒子と反粒子の違い、つまりCPの破れだ、というのが小林さんと益川さんが考えたことです。

　点が三つあれば粒子と反粒子の絵に違いが出せますが、もし二つしかないとすると、線で繋いでも図形にはならないし、パタンとひっくり返しても全く違いが出ず、粒子と反粒子の違いをつくることができません。だからどうしても最低限三つ必要であるというのが小林・益川理論なのです。

　小林さんと益川さんがこう予言した時代には、素粒子の種類は電子、ミューオン、ダウンクォーク、アップクォーク、ストレンジクォークだけしかありませんでしたが、その後確かにいろいろな素粒子が見つかってきました。第3章で触れたチャームクォークの発見のきっかけとなったJ/ψ《ジェイプサイ》

中間子の発見は1974年のことで、小林さんと益川さんが理論を出した直後の出来事です。

図4・12では大きな丸ほど重い粒子を表しています。重いということはエネルギーをたくさんつぎ込まなければつくれないということなので、丸が大きいほどつくるのが難しくなります。チャームクォークが見つかった翌年の1975年に、電子とミューオンのお兄さん格の「タウオン」という粒子が見つかりました。小林・益川理論の通り確かに電子の仲間は三つあるということがわかったのです。

本当に素粒子が三世代あるのなら、アップクォークや、ダウンクォークも三世代あるはずだと、みんな必死になって探しました。すると、ダウンクォークやストレンジクォークと同じような性質を持っていて、それらよりも重い「ボトムクォーク」が1978年に見つかりました。それならば、アップクォークとチャームクォークと同じような性質の三つ目のクォークも絶対にあるに違いないと、世界中で探索競争になりました。それをずっと探し続けてきて、とうとう見つかったのが1995年です。

「トップクォーク」と名づけられたこのクォークが見つかるまで、なぜそんなに時間がかかったのでしょうか？　それは図4・12に示した丸の大きさくらい他と比べて桁違いに重かったからです。これだけ重いということはそれだけエネルギーをつぎ込まなければつくれない（$E=mc^2$）ので、技術が進歩してより強力な加速器ができたことで、やっと見つかったのです。

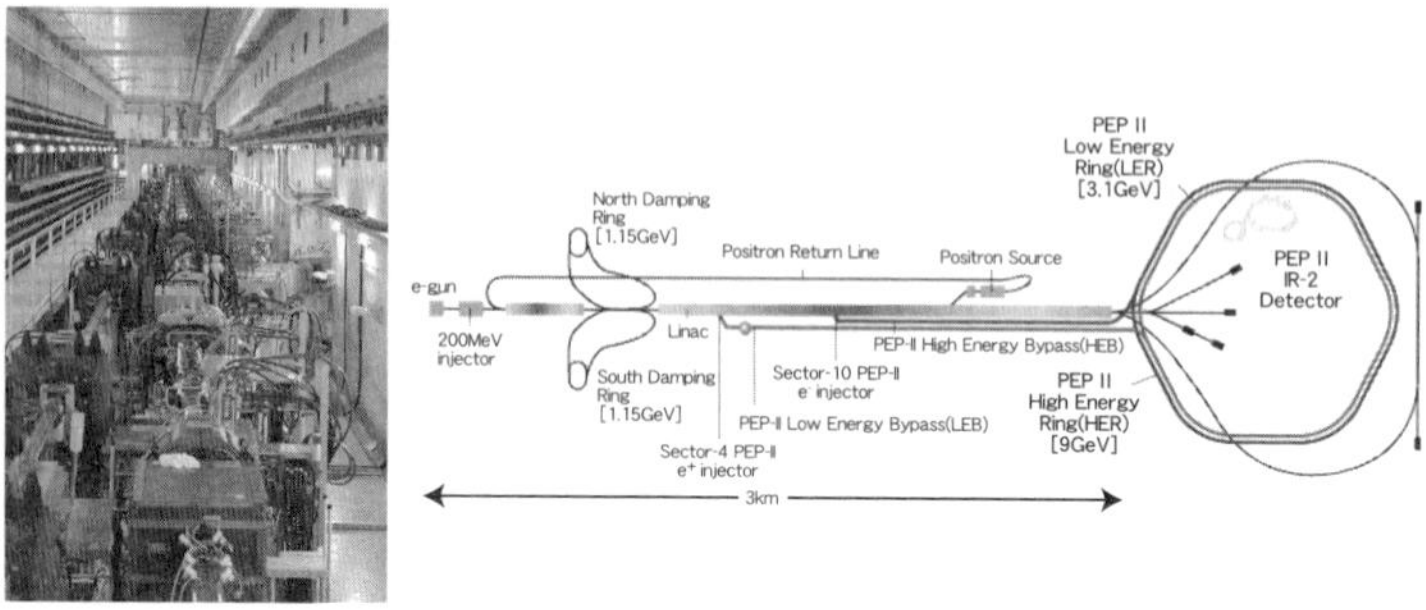

図4・13　左・KEKの実験施設／右・スタンフォード大学の実験施設
（左・Credit: KEK、右・courtesy of SLAC National Accelerator Laboratory）

CPの破れを確認するために

このように、どの粒子も予言通りきちんと三世代ずつ見つかったのだから、1995年当時、小林さんと益川さんにノーベル賞を授与しても良いじゃないかと言った人もいました。しかしノーベル委員会は、「いやいやちょっと待ちなさい」と待ったをかけました。「そもそも彼らが素粒子は三世代ずつあると言い出した理由は、CPの破れを説明するためだったじゃないか。三世代ずつの粒子が見つかったことで説明できるかどうかはっきりするまでは、まだノーベル賞に値しない」と言うのです。そこで、それを実証するためにまた実験をしなければならなくなりました。科学の歴史では物事が確立するのに時間がかかります。再び競争が始まりました。

図4・13左は茨城県つくば市にある高エネルギー加速器研究機構（KEK）の実験施設です。電子と陽電子を四角いリングの中でぶつけます。これまでの実験施設に比べてリングはそれ

ほど大きくありませんが、ビームの強度をものすごく上げなければなりませんでした。というのは、滅多に起きないＣＰの破れを見るにはたくさんのデータをつくらなければならず、そのためにはたくさんの粒子を衝突させなければならないからです。なかなかうまくいきませんでしたが、21世紀になってやっとできるようになりました。

ＫＥＫと同じような実験が、アメリカ西海岸にあるスタンフォード大学でも始まりました（図４・13右）。やはり電子と陽電子が検出器の中でぶつかって反応を起こし、ボトムクォークを含んだ中間子をつくるのです。その性質をよく見ることでＣＰの破れを観測するという実験です。スタンフォード大学とＫＥＫは加速器ができたのが同じ年で、データの量もほとんど同じだったのでしのぎを削る競争をしていました。

図４・14　実験装置 BELLE
ボトムクォークのことを、しゃれて「beauty」と呼ぶことがある。そのつながりで、装置に BELLE（フランス語で「美人」の意味）と名付けられた。（Credit: KEK）

これらは本当にものすごいスケールの機械です。まず加速器をつくるために集めた装置の総量が数万トン、全部ハイテクの機械です。それらを粒子のビームを通すリングの中に並べる際の精度は、３㎞にわたって数ミクロン（＝マイクロメートル）しかずれてはならないというものです。ミクロンというのは私たちの髪の毛よりも細いのですが、それくらいの精度でぴったりと並べなけれ

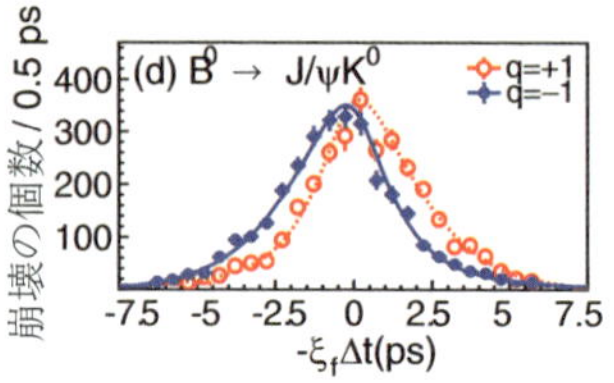

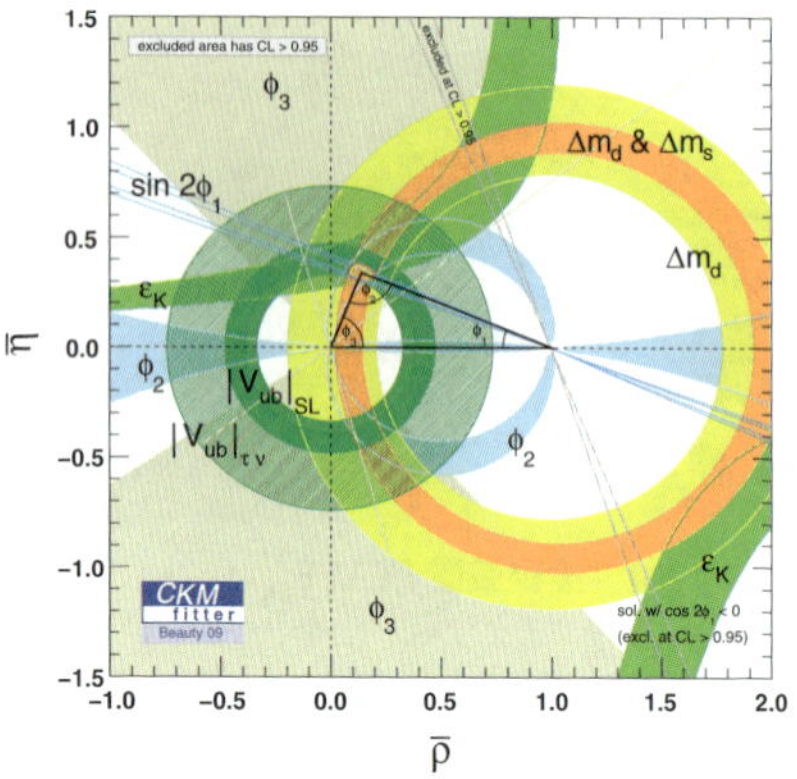

図4・15　CPの破れを観測する

左・粒子と反粒子で、わずかに壊れ方に差がある。(Cited: K.-F. Chen et al.(Belle Collaboration), PRL 98, 031802 (2007))

右・さまざまなデータを総合すると、粒子の三角形は太い実線のものになる。反粒子はこの逆さまなので、粒子と反粒子の違い、CPの破れがはっきり見て取れる。(Courtesy: CKMfitter Group (J. Charles et al.) Eur. Phys. J. C41, 1-131 (2005) [hep-ph / 0406184])

ばなりません。そうでなければビームがうまく通らないのです。そのくらいの離れ技を行って、やっと実験ができます。しかも、たくさんのデータを採らなければならないので、ビーム同士をぶつける頻度はなんと1ナノ秒に1回です。つまり1秒間に10億回もガシャンガシャンとぶつけて、やっと必要な分のデータが集められます。まさにハイテクの驚異です。

このようにビームを通すこと自体も大変ですが、ビームが衝突してできた粒子をきちんと観測するための実験装置も大変なものです。**図4・14**のように大きな装置ですが、精度は非常に高く、数十ミクロン単位で粒子の位置を測ることができるハイテクの機械です。これをつくった人の一人がIPMUの相原博昭さんです。彼のリーダーシップでこの装置がつくられ、それでようやくＣＰの破れを観測することができるようになりました。

その結果出てきたのが図4・15左のデータです。反ボトムクォークとダウンクォークでできている「Ｂ」という中間子と、その反粒子で反ダウンクォークとボトムクォークでできている「反Ｂ」という中間子ができました。これらもミューオンと同じように壊れて別のものになります。そのときにＢと反Ｂのどちらが先に壊れるかという時間差を測っています。下にpsという単位が書いてありますが、これはピコ秒と読みます。ピコというのはナノの3桁下を表すので、つまり1兆分の1秒です。このように、わずかな差ではありますが、粒子と反粒子で壊れ方に違いがあることがはっきりしたのです。

その結果、ＣＰは確かに破れていて、どのくらい破れているかということまできちんと観測できるようになりました。出てきたデータが図４・15右の三角形です。図の中心にある三角形が粒子の場合です。これに対し、反粒子の三角形は逆さまなので、粒子と反粒子に違いがあるということです。この三角形の頂点はデータから決めていきました。さまざまなデータのどれを見ても同じ点を示し、小林・益川理論で出てくる三角形とつじつまが合いました。２００２年頃からこのデータが採れるようになり、ようやく２００８年に小林さんと益川さんはノーベル賞を受賞したのです。１９７０年代に書いた理論が２００２年以降にはっきり実証され、やっとノーベル賞に結びついたという、非常に長い歴史がありました。

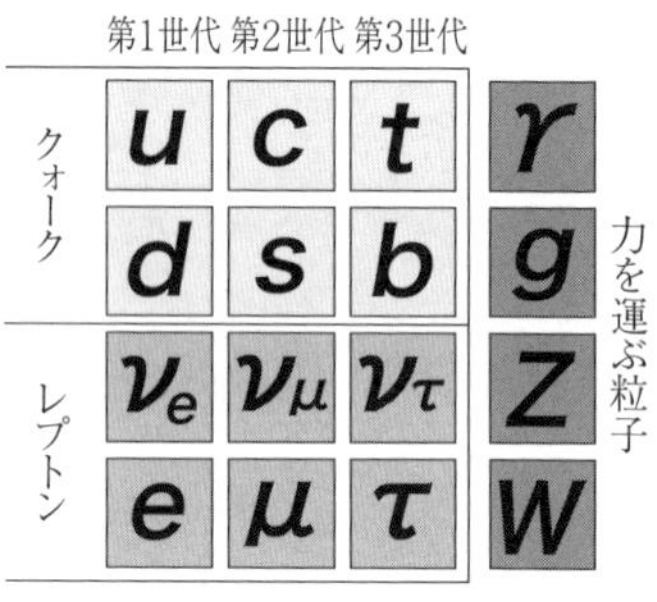

図4・16　素粒子の一覧

こうしてたくさんの素粒子が見つかりました。小林・益川の予言通り、素粒子には三つの世代があります（図4・16）。クォークではアップクォーク（u）とダウンクォーク（d）、チャームクォーク（c）とストレンジクォーク（s）、トップクォーク（t）とボトムクォーク（b）という三世代。レプトンでは電子（e）、ミューオン（μ）、タウオン（τ）という三世代。レプトンは「軽い粒子」という意味ですが、これは昔の名残で、実際にはタウオンは陽子よりも重い粒子です。そしてレプトンそれぞれにニュートリノである電子ニュートリノ（ν_e）、ミューニュートリノ（ν_μ）、タウニュートリノ（ν_τ）が付いています。なお図4・16右上の「γ」は光の粒子である光子、その下の「g」は強い力を運ぶ粒子のグルーオンです。一番下の「W」は弱い力を運ぶ粒子のW粒子ですが、弱い力にはW粒子で運ぶものと「Z粒子」という粒子で運ぶものの2種類があることもわかりました。力を運ぶ粒子は電磁気力を運ぶ光子、強い力を運ぶグルーオン、弱い力を運ぶW粒子とZ粒子の4種類があるということです。重力を運ぶ粒子は、まだ見つかっていません。重力は私たちにとって一番馴染みの深い力ですが、弱い力に比べて10^{-32}倍、0.000…とゼロが31個並ぶほど弱いのです。こんなに弱い重力をなぜ私たちは感じているのでしょうか？

私たちの体のような物体は、電気が全部プラスとマイナスで相殺されて、離れたところからは電気があるように見えません。電気的に中性のものには電磁気力は働かないため、私たちは電磁気力を感じないのです。また、これまでに説明したように、強い力は原子核の大きさほどの短い距離までしか届かない力ですし、弱い力はもっと短い距離の間でしか働かない力なので、やはり私たちは感じることができません。その結果、最後に残ったのが重力なのです。けれど重力は非常に弱いので、それを運んでいる粒子をなかなか人工的につくることができません。

電磁波は電磁気力によってつくられる波ですが、重力にもそういった波があるはずです。まだ見つかっていませんが重力波という名前がついています。今、世界中でこの重力波を探す競争が繰り広げられています。アメリカではレーザー光を片道３㎞、往復で６㎞の距離を往復させる装置をつくって観測を続けています。光の往復を繰り返して、もし重力波が来たときには距離が少し伸び縮みするという現象を探しているのです。このずれは原子核の大きさの１０００分の1ほどしかないのですが、光を何度も往復させればその回数分大きくなり、原子核の大きさくらいまでずれるはずなので、それを探そうという遠大な計画です。日本でもＬＣＧＴという計画で神岡の山の中にやはり同じような検出器をつくろうとしていますし、ヨーロッパにも似た装置が二つできています。どの装置もまだ検出には成功していませんが、感度を上げていって、これから5年くらいでなんとか重力波を見つけられるのではないかと期待されています。しかし、これもまだ将来の話です。

なぜ弱い力は遠くまで届かないのか？

電磁気力を運ぶ光子には重さがないので遠くまで届くと第3章で述べました。強い力を運ぶグルーオンにも、やはり重さがありません。強い力は遠くまで行かないのに、重さがないのはおかしいと思われるかもしれませんが、第3章で述べた通り、粒子の中に閉じこめられているクォークを遠くまで離そうとしても取り出すことができません。取り出せないということは、「どんなに遠くまで離そうとしても離すことができない」ということなのでこれは長距離力なのです。ですから、長距離力である強い力を運ぶグルーオンにも質量がないということです。

ではなぜ弱い力は遠くまで行かないのでしょうか？　これは大きな謎で、まだはっきりしていません。南部陽一郎さんが2008年にノーベル賞を受賞した「対称性の破れ」で説明はできるのですが、実験的に証明されていないのです。南部さんは、電磁気力と弱い力は、本当は統一されて同じ種類の力だと言いました。「同じ」というのは「対称的」であるということです。例えば重力は、重力を運ぶ粒子が質量を持っていないために遠くまで届きます。電磁気力も遠くに届きます。これは、やはり光子が重さを持っていないからです。しかし、弱い力は遠くまで届きません。なぜなら対称性が破れていて、W粒子はとても重いからです。

宇宙は「ヒッグス」というもので満ちています。ヒッグス——私は勝手に「暗黒場」と呼んでいますが、それがW粒子の行く手を邪魔しています。W粒子が遠くまで行こうとすると、ヒッグスにぶつかって邪魔されてしまいます。宇宙では、光子で運ぶ電磁気の力は遠くまで届きますが、対称性が破れているW粒子は遠くまで行けないので、弱い力は遠くまで届きません。これが「なぜ弱い力は遠くまで届かないのか」ということに対する現在の私たちの仮説です。もちろん仮説なので、本当に真空中にどんなものが詰まっているのか、宇宙にどういうものが満ちているのかということを実際に証明しなければ本当かどうかははっきりしません。

弱い力を運ぶW粒子だけでなく、電子やクォークもヒッグスにぶつかることで重さを得ています。電子も本当は光速で進みたいのですが、ゴツンとぶつかると遅くなってしまいます。光速より遅いということは、重さを持っているということです。これは大切なことで、もし電子に重さがなかったら、原子をつくろうとしても光速で飛び出してしまい、原子の中に留まることができません。私たちの身体が原子でできているのは、電子が重さを持っているからで、それはヒッグスが邪魔をしてくれているからなのです。宇宙が熱かったときはヒッグスは蒸発していたので、素粒子には質量がなく、光速で進めました。宇宙が始まって1兆分の1秒頃、ヒッグスが宇宙に溜まりだし、質量が生まれたのです。

この「ヒッグスによる対称性の破れ」という考え方を証明するには、ヒッグス粒子を見つけるしかありません。既にご紹介したCERNのLHC実験は、これを第一の目標にしています。宇宙に満ちているわけですから、充分にエネルギーをつぎ込めばヒッグス粒子を飛び出させることができるはずです。この実験で実際にヒッグス粒子を観測できるのは、２０１５年頃と期待されています。

宇宙年齢で1兆分の1秒歳よりも前の宇宙では、この宇宙に満ちるヒッグス粒子が蒸発しています。そこは電子、クォーク、W粒子、Z粒子がみな重さを持たず、自由に飛び回るユートピアのような世界です。宇宙は初めへ戻れば戻るほど、対称性を回復して統一理論の世界に近づきます。

私たちの身の周りのものはすべて六つのクォーク（u、d、c、s、t、b）と六つのレプトン（e、μ、τ、ν_e、ν_μ、ν_τ）でつくることができ、その間に重力、電磁気力、強い力、弱い力が働いています。それで今まで見つかった現象はすべて説明できるというのですから、これは本当に20世紀の物理学の金字塔であると言えます。こういう理論のことを「標準模型」と言います。今世紀の初頭になってここまできたというのは、物理学の偉大な進歩です。

ただおもしろいことに、ずっと長い努力をしてきてやっと標準模型が完成してきた今世紀の初頭になって、ほころびが出てきました。新たな謎が見つかってきたのです。今まで挙げた粒子だけではすべての現象は説明できないということが、２００３年にはっきりしました。さらに足りないものがあるだけではなく、あるはずのものがない――すなわち宇宙にはなぜ反物質がないのかということなのですが、この謎もはっきりしてきました。これについては、第5章で説明します。

第5章

暗黒物質と消えた反物質の謎

宇宙の始まりへ遡っていくと、素粒子の世界が開けてきて、クォーク、レプトンを強い力、そして統一された弱い力と電磁気の力が支配している、対称性の高い状態になりました。しかし、現在の素粒子の理論ではどうしても説明できないことがあります。それが暗黒物質と反物質についての謎です。宇宙が1兆分の1秒歳よりも若いときの姿に関して、きっと鍵になる問題です。

暗黒物質の正体を探る

宇宙の始まりはどこを取ってもでこぼこがなく、ほとんど均一だったということが「ビッグバンの残り火」であるマイクロ波の観測によりわかっています。その後、のっぺらぼうの中で暗黒物質が重力で引き合って固まり、濃淡ができてきます。その濃いところがいずれ銀河になるのです。もし暗黒物質がなく、普通の原子だけしかなかったとすると、どうだったでしょうか?

宇宙の始まりは熱いので、光がたくさんあります。電子は光と反応するので、光ではね返されて固まることができず、星や銀河ができません。一方、暗黒物質は光と反応しないので、重力で引き合って固まり、現在のような宇宙の構造ができてきます。

これをコンピュータで研究しているのがＩＰＭＵの吉田直紀さんです。吉田さんはこの仕事の功績で、２００９年に国際純粋・応用物理学連合（ＩＵＰＡＰ）の若手賞を受賞しました。さて、ここでクイズです。**図5・1**は遠くの宇宙で銀河がどのように並んでいるかを示した図です。このう

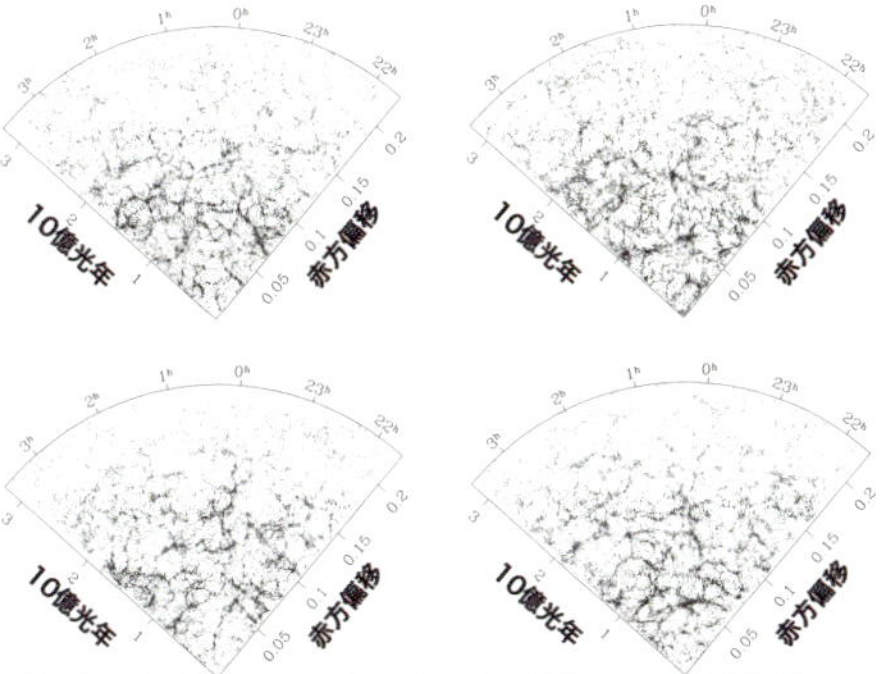

図5・1　暗黒物質のシミュレーションと実際の宇宙の比較
一つひとつの点が銀河。(Courtesy: Peder Norberg)

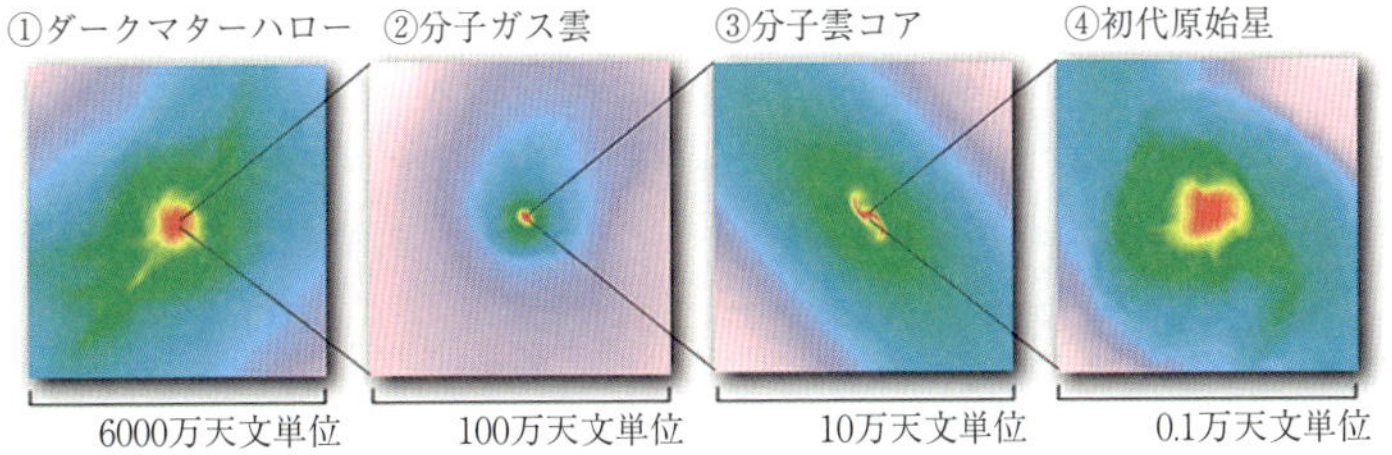

図5・2　原始星の誕生のシミュレーション
「天文単位」は地球と太陽の間の距離。(吉田直紀氏　提供)

ち三つは吉田さんがコンピュータでシミュレーションしたもので、一つだけ本物があります。さてどれが本物でしょうか？　私は左下が本物だと答えたのですが、残念ながら不正解でした。正解は右下です。ここで言いたいことは、コンピュータによる計算でいかに実際の宇宙の構造を再現できるかということです。実際の宇宙と比べてみても全く区別がつきません。銀河は確かにこのようにできてきたのでしょう。

　暗黒物質が固まってくると、しだいに重力が強くなり、熱い宇宙でも光に妨げられず、重力で引っ張られて原子も暗黒物質の固まりに引きずり込まれます。すると、今度は原子同士がぶつかり合ってエネルギーを失い、徐々に固まり始めます。この様子を図に示したものが、**図5・2**です。まず、暗黒物質が固まり、太陽と地球の距離の6000万倍くらいの大きな塊ができます（図5・2①）。そこに分子が引き込まれて分子ガス雲となり、太陽と地球の距離の100万倍くらいの大きさになり（図5・2②）、さらにここに原子が引きずり込まれてくると、原子同士が反応を起こしてだんだんエネルギーを失い、どんどん重力に引きずられて沈んでいって、太陽と地球の距離の10倍くらいの大きさの分子雲コアができ（図5・2③）、最後に原始星ができます（図5・2④）。暗黒物質がなければもちろん惑星もできず、私たちも存在できないのです。吉田さんはこういった計算ができるようになったことを、科学の分野では非常に権威のある雑誌『サイエンス』に発表しました。

こうして、どのように星ができてきたかということが徐々にわかってきました。ここで一番問題になるのは、暗黒物質とは一体何なのだろう？ということです。たくさんの物理学者が暗黒物質の謎について考え、興奮しつつさまざまなアイデアを出し合ったところ、「暗黒物質は弱虫である」ということになってきました。ニュートリノも、ほとんど反応しない、なかなか姿を見せない弱虫の粒子でしたが、暗黒物質はもっと弱虫なのです。ですから私たちは今のところ暗黒物質を見ることができていませんが、充分な重力をつくってくれるのだから重い粒子であると考えられます。そのため、これまで実験室でつくることができませんでした。第4章でトップクォークをつくるのに大変時間がかかったと述べましたが、おそらくそれよりも重いのです。しかし宇宙の始まりにはものすごいエネルギーがあったので、重い粒子もつくることができたに違いありません。ならば、宇宙の始めにつくられた重い素粒子は今でも少し生き残っているはずです。ただし素粒子は粒子と反粒子が出会って消滅するので、どんどん数が減ってある時点で互いに見つけられなくなり、ごく一部が生き残ったのです。それが現在宇宙にある暗黒物質なのだ――このように考えられています。

しかしこれもまだ仮説の段階なので、証明するためにいろいろなことが試みられています。暗黒物質は宇宙にたくさんあるはずなのですが、ほとんど反応してくれません。これを捕まえるのは、非常に微かな小鳥のさえずりを都会の喧噪の中で聞こうとすることに似ています。私たちの日常生活にはいろいろな雑音があふれています。微かな音を聞くためには、静かな場所に行くしかありません。では「雑音」を遮断して暗黒物質という「微かな音」を何とか聞くために、具体的にはどうするのでしょうか？

一つの方法は、ニュートリノを捕らえるときと同じように、地下に潜るのです。地表には、第３章でお話ししたミューオン、パイオンといったいろいろな粒子が宇宙から降ってくるので、それが全部「雑音」になってしまいます。しかし地下深くでは「雑音」は途中で遮られて届かないので、そこに非常に感度の良い機械を置いて、暗黒物質がそっと入ってきてコツンとぶつかってくれるのを待つのです。どのくらいの頻度でぶつかるかというと、１年間じっと待って３回くらい当たればいいなという、ものすごく気の長い話です。これを世界中でやろうとしています。ＩＰＭＵでは岐

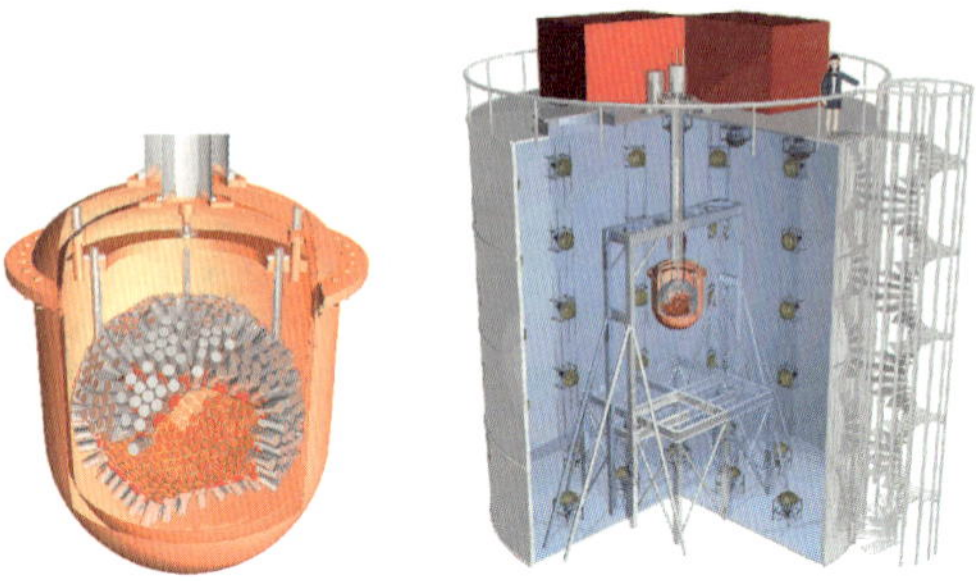

図5・3　XMASS実験の検出器
（写真提供　東京大学宇宙線研究所神岡宇宙素粒子研究施設）

阜県の神岡にXMASS（エックスマス）という実験施設をつくり、観測を行っています。まず地下の大きなタンクを水で一杯にします（図5・3右）。水は周りから入ってくる色々な粒子を遮る働きをします。この水のタンクの中心に図5・3左のような装置を入れます。この中を液体キセノン（キセノンという希ガスを冷やして液体にしたもの）で満たし、その周りを光を捕まえる機械でグルッと取り囲みます。そうすると暗黒物質がスルスルと地下に入ってきてキセノンにコツンとぶつかり、少しだけエネルギーを落とします。このときわずかにピカッと光るので、その光を逃さず捕まえるのです。これが暗黒物質の存在を示す一つの方法です。

二つ目は、第1章で述べたように加速装置を使って、暗黒物質をつくってしまうという方法です。

最近これら二つ以外の、いわば三つ目の方法を用いて「暗黒物質を見つけた可能性がある」という人たちが出てきました。イタリアを中心とした実験で、PAMELA（パメラ）という人工衛星を使いました。銀河の中には暗黒物質がたくさんあるので、まれにぶつかりあって消滅するかもしれません。すると、そこから何か別の粒子が放出されるはずです。その中に電子や陽電子が含まれていれば、それらを捕らえることはできます。そこで、人工衛星で陽電子を探した結果が図５・４です。左上から右下に向かう太く黒い線は「銀河の中に陽電子はこれくらいあるはずだ」という理論値です。赤い丸に短い線が付いているのが人工衛星で観測した陽電子の量のデータで、理論値と比べてずっとたくさんあったということがわかります。つまり、本当に銀河の中で暗黒物質同士がぶつかりあって消滅し、そこから陽電子が放出されている可能性があるということです。しかし、本当かどうかはまだはっきりしていません。というのは、こういう余分な陽電子を、暗黒物質ではなくて特別な星が放出しているかもしれないからです。どちらが本当なのか、まだ決着がついていないのが現状です。

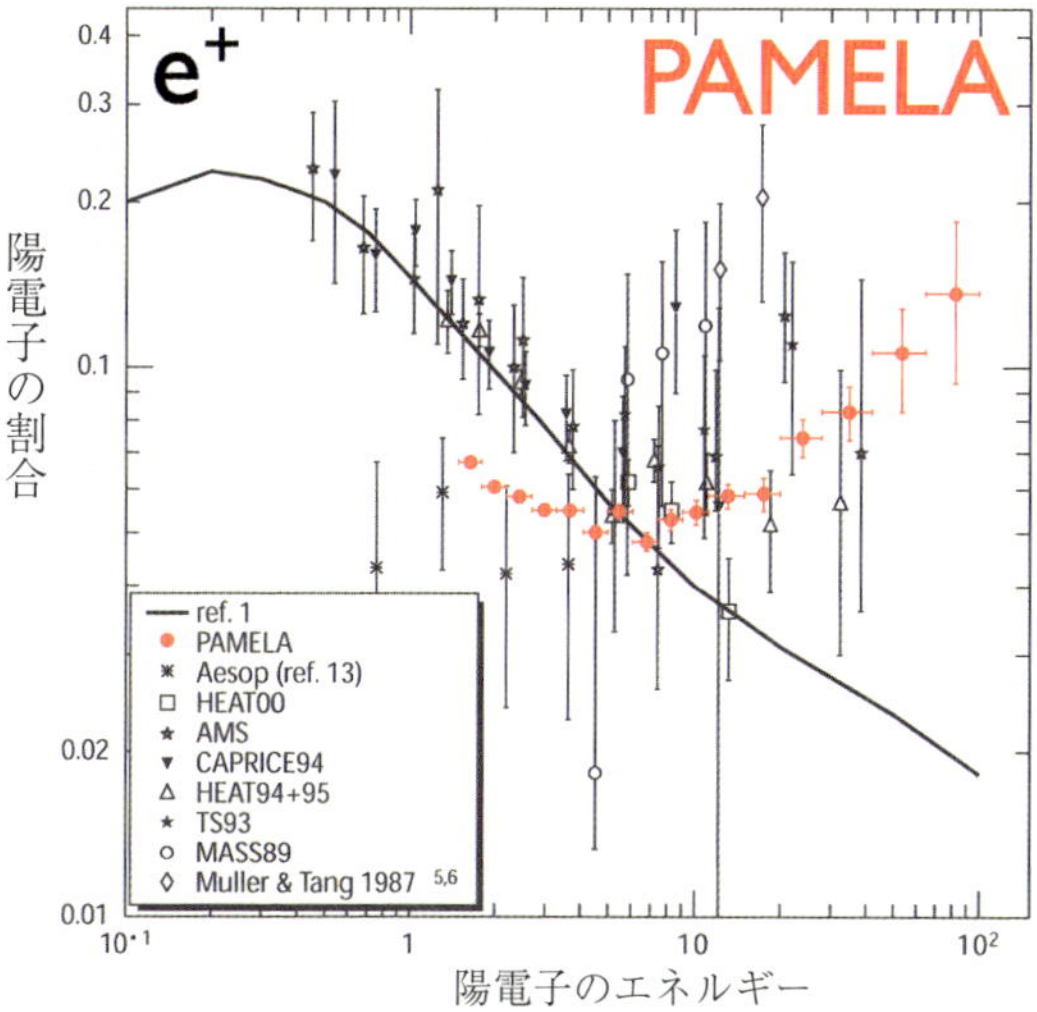

図５・４　人工衛星による陽電子の探索
(Cited: O. Adriani et al., Letter Nature 458, 607-609(2009))

　三つの方法――直接捕まえる実験、加速器でつくる実験、宇宙の中で暗黒物質の存在証拠を直接見つける実験――どれもそろそろ成功してもいいというところまできているので、わりと近い将来に暗黒物質の正体が見つかるのではないかと期待しています。

暗黒物質の候補と言われる粒子はいくつかあり、あまり絞られていません。例えば小林・益川理論の通りニュートリノは三つ見つかりましたが、もしかするとさらに重い四つ目のニュートリノがあって、それが暗黒物質なのではないだろうかと考えた人がいます。ところが、地下に潜って行う実験が進んできて、ニュートリノのように反応しない弱虫の粒子ですら暗黒物質ではありえないということがわかりました。それくらい、暗黒物質は本当に弱虫なのです。

電子などはヒッグスにゴツンゴツンとぶつかるので重さがあるのだと述べました。一方、暗黒物質は止まっているのに重さ、つまりエネルギーを持っています。これを説明する候補に挙がっているものの一つが「異次元」です。

私たちのいる空間は、上下・前後・左右の三つの方向があるので「3次元」と呼ばれていますが、「実は目に見えない別の次元があるのではないか？　もしかすると、暗黒物質は異次元を動いている粒子なのではないか？」という説があります。異次元は見えないので、暗黒物質が異次元を動いていたとしても私たちには止まっているように見えます。ところが、動いているということはエネルギーを持っているということなので、私たちにはエネルギーを持っているように見えます。止まっていてエネルギーを持っているということは、重さがあるということです。こういうことが真剣に議論されています。

ほかに「暗黒物質は超対称性の粒子である」という説もあります。「超対称性」とはひも理論が予言している、「粒子には必ずペアになる反粒子があるが、そのペアにはさらにパートナーである超対称性粒子というものがある」という考え方です。それからまだ発見されていませんが「アキシオン」という粒子が暗黒物質ではないかという説もあります。このように暗黒物質の候補はたくさんありすぎるくらいで、なかなか一つひとつ調べるのは困難です。現在、徐々に候補を絞っていっています。

このように暗黒物質の正体はまだわかりませんが、宇宙にどれくらいの量が存在しているのかということはわかってきました。地下に潜って暗黒物質を探す実験は着々と進んでいます。直接つくりだす実験も始まりました。これらの実験によるデータを全部突き合わせてつじつまが合えば、初めて「これが暗黒物質なんだ」ということがわかる——宇宙の物質の8割以上は暗黒物質なのですから宇宙の正体がわかるということです。それで暗黒物質がつくられた、宇宙の始まりから100億分の1秒というところまで迫っていけるのではないかという期待が高まっています。

消えた反物質の謎

全ての物質にはペアになる反物質が存在し、「物質」と「反物質」が出会うと消滅します。もし私たちの周りに反物質があったら、出会うたびに消滅してしまうので安心して生活していられません。しかし幸い私たちの周りには「物質」だけしかありません。悪い人が反物質をつくろうと思ってもとんでもないお金がかかるので、まず無理です。安心してください。全世界のGDPをつぎ込んだとしても、1gすらつくれません。しかしビックバンのときはものすごいエネルギーがあったので、物質と反物質の両方、陽子に対しては反陽子、電子に対しては陽電子ができたはずです。では、それら反陽子と陽電子は一体どこに行ってしまったのでしょうか？　このことを踏まえて宇宙の始まりを考えてみましょう。

宇宙が始まった頃は、物質と反物質が同じくらいの数で存在していました。宇宙の始まりにはエネルギーがたくさんあったので、いろいろな粒子がたくさんできたのですが、宇宙が広がって冷めてくると、物質と反物質が出会い、ほとんどが消えていってしまいました。しかし物質と反物質の量には10億分の1～2くらいのほんのわずかな差があったため、物質が生き残りました。これが今宇宙に残っている物質です。その中には私たちも含まれています。私たちの「物質」が反物質に勝ったということですが、なぜ勝てたのかはわかりません。そもそもなぜそのわずかな差があったのかということがまだわかっていません。勝ったのですが、勝った理由がわからないのでちょっと気持ちが悪い。これが「消えた反物質の謎」です。

反物質が消えた理由は、私たちの仲間である「物質」が反物質を消滅させたからですが、私たちが勝った蔭には10億倍の仲間の犠牲がありました。10億倍の仲間を犠牲にしてほんの少しお釣りがあったので、私たちがそのお釣りとして残ったのです。では、なぜ10億分の1～2だけ物質のほうが多かったのでしょうか？　宇宙が始まったその瞬間、全ての粒子はペアでできたに違いないので、物質がほんの少しだけでも多かったとは考えにくいのです。ですから物質と反物質は同じ数だけあったと考えられますが、そうするとすべてが消滅してしまい、私たちは生き残れません。そこで、何らかの理由で反物質のうちの10億分の1が物質に転換された結果、物質が少しだけ余り、最終的に私たちの物質が残った（図5・5）と考えるのが順当です。そうすると、物質と反物質は最初均等にあったのに、なぜ反物質の一部だけが物質に変わったのでしょうか？　なぜ物質のほうが選ばれたのでしょうか？

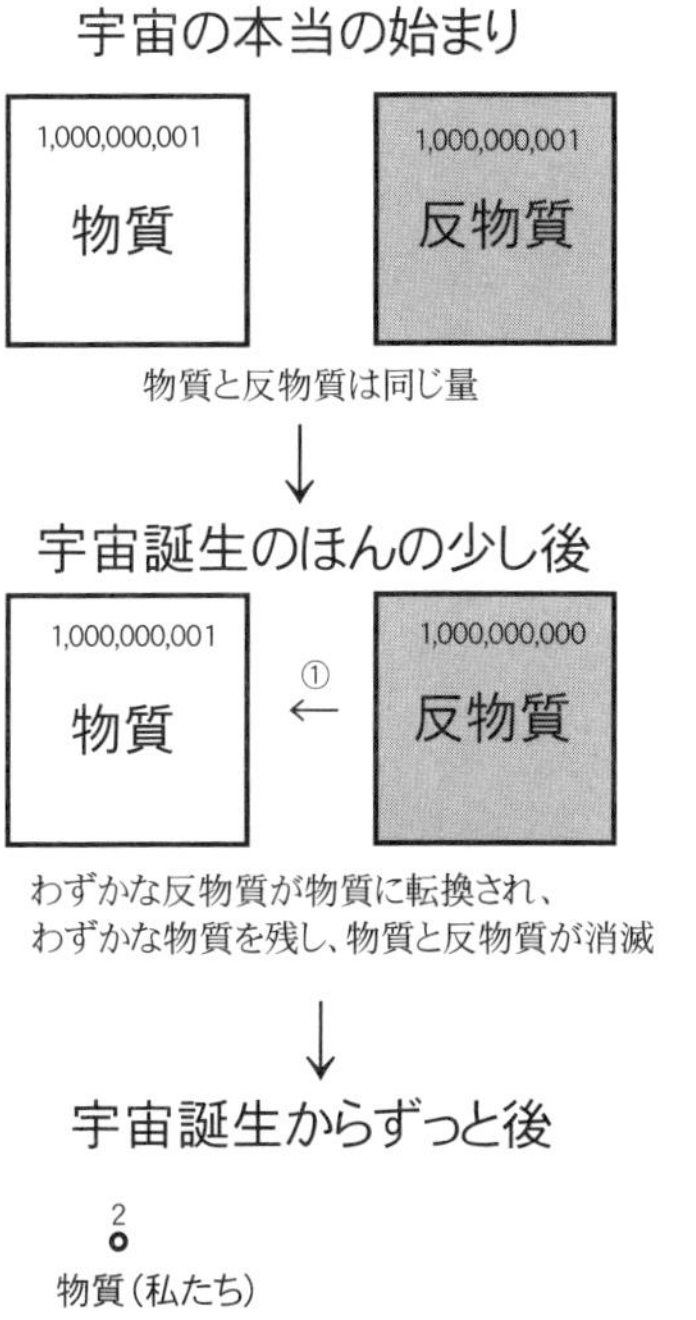

図5・5　物質と反物質

第4章でお話ししたように「物質と反物質の違い」は「CPの破れ」なので、これで説明できるかと期待されたのですが、残念ながらそうはならず、新たな問題が生まれました。小林・益川理論のおかげで、物質と反物質の微妙な違いを説明できるようになりましたが、宇宙の始めの頃に10億分の1の違いが出せるかどうか計算してみると、結果は期待したよりもずっとわずかな違いしか出せませんでした。そこで、小林・益川理論だけでは私たちが物質として生き残ったことが説明できないので、別のまだ見つかっていない物質と反物質の違いがあるはずだという話になりました。そこで注目を浴びているのがニュートリノです。

ニュートリノは小林・益川理論の言う通り3種類見つかっています。この種類のことをアイスクリームの種類に例えて「フレーバー」と言います。ニュートリノには、フレーバーがある種類から別の種類に移り変わるという奇妙な現象が起こるのです。これはスーパーカミオカンデの実験ではっきりしてきました。太陽からはニュートリノがたくさん届きますが、理論値の量の3~5割しか捕らえられません。スーパーカミオカンデに届くまでになぜか半分以上がなくなってしまうのです。これは1960年代から、「太陽ニュートリノ問題」という謎として残っていたのですが、今世紀になって解決しました。2002年のことです。

この問題の解決に役立った「カムランド実験」という実験があります。スーパーカミオカンデと同じ岐阜県神岡の山の中で行っているのですが、水の代わりに油を使うということ以外は、従来の実験の仕組みとほとんど同じです。この実験によって図5・6のデータがとれました。これは、ニュートリノが生まれてある程度の距離を進んでいく間に、別のフレーバーに変わるということを示しています。別のものに変わってしまったために見えなくなり、無くなったかのように思われていたのですが、また元に戻ります。そしてまた変わる、戻る、を繰り返します。これを「ニュートリノ振動」といいます。このようにニュートリノは一つのフレーバーから別のフレーバーに変わることができるのです。

例えば太陽からAというフレーバーのニュートリノが放出されているとします。ニュートリノは飛んでくる間にBというフレーバーのものにだんだん変わっていき、全部Bになってしまうとまた Aに戻るということを繰り返して、最終的にスーパーカミオカンデに届いたときにはAとBが半々になってしまっていた――例えるとこのようなイメージです。スーパーカミオカンデはAしか捕らえることができないので減ったように思えましたが、本当はフレーバーが変わっただけであるというのが最終的な結論です。

ここで期待が高まったのが次のような考え方です。「物質」であるニュートリノとその「反物質」である反ニュートリノの間に、クォークよりももっと大きな違いがあって、そのおかげで物質と反物質の10億分の1の差がつくれたのではないだろうか、もしかすると私たちの存在はニュートリノにかかっているのではないかというのです。これを提唱したのは、IPMUの主任研究員の柳田勉さんと福来正孝

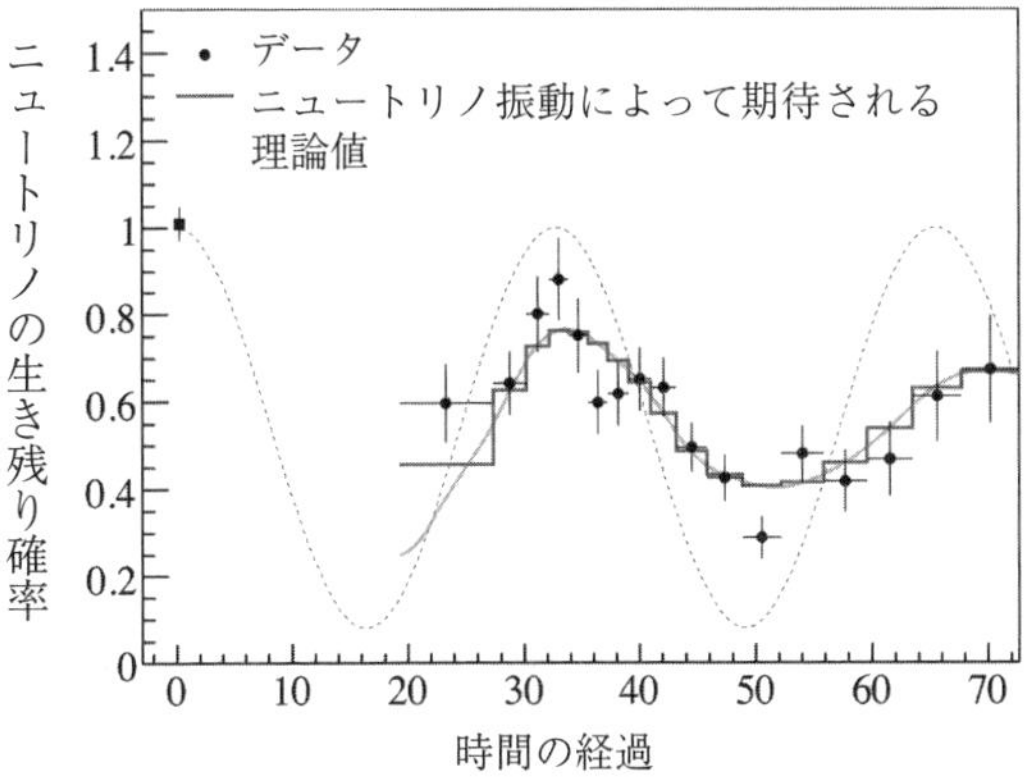

図5・6　カムランド実験によるデータ
（井上邦雄氏　提供）

さんです。しかしあくまで仮説です。ニュートリノと反ニュートリノに本当に物質と反物質の違いがあるのか、これも調べてみなければわかりません。

しかし、そもそもニュートリノはなかなか捕まえることのできない粒子なので、相当頑張って実験を行わなければニュートリノと反ニュートリノの違いは見て取れません。そのために、日本では茨城県東海村に新しい加速器を建設しました。この加速器はほかにもいろいろな物質科学を研究するためにつくられているのですが、せっかく新しい施設ができるので、それを使ってニュートリノのビームをつくっています。今研究者たちが頑張って立ち上げているところです。

ニュートリノを捕まえるのは難しいのですが、ビームはわりと容易につくることができます。そこで、つくったビームを岐阜県にあるスーパーカミオカンデに打ち込むというおもしろい実験が始まります。地球は丸いので、東海村から地面に水平にビームを打つと、遠くに行くに従って遥か上空に向かってしまうため、少し下向きに打ちます。すると岐阜県ではちょうどいい場所に届き、スーパーカミオカンデにぶつかります。ニュートリノは地球の中を通っても反応しないので、ごく普通に通り抜けてきちんと標的にぶつかるのです。

さて、ニュートリノがスーパーカミオカンデにぶつかった後、そのままスーッと飛んでいくと、だいたい韓国の辺りで上空に出ます。そこでニュートリノを捕まえれば、東海村－カミオカンデ間の距離（約３００㎞）よりももっと長い距離で実験ができるのです。東海村から韓国までは千数百㎞の距離があるので、東海村とカミオカンデの間ではまだ起きないような現象でも、韓国まで届く間には起きる可能性があります。そこで日本からニュートリノビームを打って韓国で観測すれば、ニュートリノがどのくらい別のものに変化するか、反ニュートリノがどのくらいニュートリノに変化するかというのを測れるのではないかということが議論されています。

アメリカにも同じような計画があります。アメリカは広いので、国内で実験ができてしまいます。イリノイ州のフェルミ研究所という場所にある加速器から打ったニュートリノビームを、千数百km先のサウスダコタ州にある地下の実験室で捕まえ、ニュートリノと反ニュートリノが飛んでいく様子を比べて違いがあるかどうかを調べるという実験です。サウスダコタ州は、大統領4人の顔が岩に掘ってあるマウントラッシュモアという名所がある州です。自然豊かなところで、そこに昔からある金の採掘所があります。かなり地中深くまで穴が掘ってあるので、その穴を使って地下の実験施設をつくり、先ほど述べたような実験をして、ニュートリノを捕まえようというのがアメリカでの今の議論です。

このようにあちこちでニュートリノと反ニュートリノのふるまいの違いを探そうとしていますが、それでもまだ足りないことがあります。反物質のうち10億分の1を物質に変えるその方法がわかっていません。ここでもまたニュートリノが大事な役割を担っているのではないかと考えられています。例えば電子の反物質は陽電子です。電子はマイナスの電気、陽電子はプラスの電気を持っています。反物質である陽電子はどう頑張っても電気がマイナスになりませんので、「物質」である電子には変わることはありません。一方ニュートリノは電気を持っていないので、反ニュートリノに

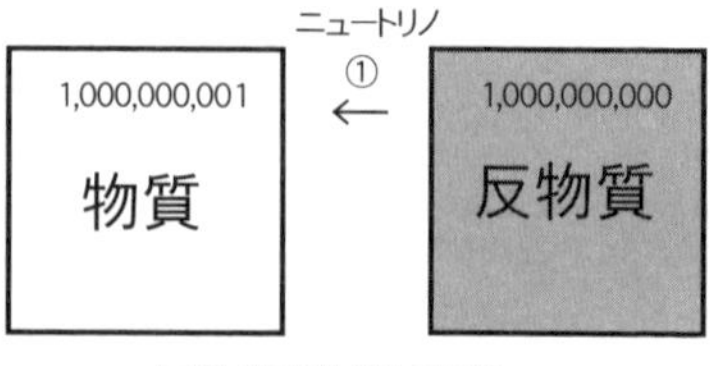

反物質を物質に転換

図５・７　宇宙の10^{-26}秒後

も電気がありません。すると、もしかすると反ニュートリノに変わることがあるかもしれません。そこでカムランド実験で、今度はニュートリノが反ニュートリノに変わる、もしくは反ニュートリノがニュートリノに変わる反応を探そうという計画があります。これらが見つかると「宇宙の始まりというのはこうなんじゃないか」という議論になっていきます。

「まず宇宙の本当の始まりには物質と反物質が同じ数だけできた。ところが反物質の中にある10億個の反ニュートリノのうち1個だけがニュートリノに変わってくれたおかげで少しずれが生じた（図５・７）。その後で物質と反物質が消滅すると、物質がほんの少し余る。これが私たちだ」というのが柳田さんと福来さんの説です。宇宙ができて10^{-26}秒後くらい、つまり１秒の１兆分の１の、さらに１兆分の１の、そのまた１００分の１くらいの、本当に宇宙初期のときにこれが起きたのではないかと考えられています。

この説が本当かどうか、さらに実験を重ねてニュートリノの性質をもっと細かく見ることで、証拠を見つけ出していくことに今取り組んでいます。暗黒物質のことがわかってくると宇宙が始まってから１００億分の１秒という本当に初期のことがわかると述べましたが、このニュートリノと反ニュートリノのことがわかってくると、もっと昔、反物質の量が少しずれる瞬間、ビッグバン後

100兆分の1秒の1兆分の1くらいのときのことがわかるので、本当にビックバンに迫っていくことができるのです。期待が高まっているところです。

素粒子は日頃馴染みのないものですが、物事をどんどん細かく分けていくと出てくる、全ての自然現象の基本になっている粒子です。宇宙の始まりでは、宇宙自身が小さかったので素粒子が主役の世界でした。その素粒子たちのふるまいが、なぜ宇宙に銀河ができたか、それから私たち自身の存在――つまり、暗黒物質の起源と、なぜ物質と反物質の違いができたかということに関わっていると考えられます。

私たちの知る限り、重力、電磁気力、強い力、弱い力という四つの力があって、それがクォーク、レプトンというような物質と反応してさまざまなものができているということもわかりました。しかし、それでは説明がつかないことがあるということもはっきりしてきたのです。暗黒物質とは一体何なのかということ、それから反物質が消えたのは一体どういう仕組みによるものだったのかということは、まだわかっていません。こういう謎を追究して、宇宙の始まりにさらに迫っていこうとするのが物理学者の仕事で、これからまだまだおもしろくなっていきそうです。

第6章　宇宙に特異点はあるか?

最後のテーマは「宇宙の特異点」です。宇宙の始まりのビッグバンで宇宙の大きさがゼロになると、エネルギーが無限大の「特異点」になってしまいます。そこで特異点を考えてみることになりますが、特異点とはそもそも何でしょうか？

考え方は単純です。例えば机の表面はほとんど平らで滑らかになっていますが、4カ所のカドがあります。カドはとがっていて触ると痛い感じがしますし、いろいろな意味で特別です。このように「あるものの大部分が持つ性質とは違う特徴を持つ点」のことを特異点と言います。

宇宙の始まりは時間の流れの中でまさに特別な「点」なので、宇宙の始まりは特異点です。しかし特異点は今の物理法則で扱うことができません。一方、宇宙にはブラックホールがあり、その中心も特異点です。そこで宇宙の始まりを考えるために、まず寄り道してブラックホールのことを先にお話しして、それから宇宙の始まりに進みます。

ブラックホールとビッグバンは特異点？

宇宙の特異点の性質は、「無限に曲がっている」ということです。宇宙の大部分は滑らかで少し曲がっているだけですが、特異点では「曲がり」がギュッと集まって、無限に曲がっています。これは、そこに無限のエネルギーが集まっていることを意味しています。エネルギーがあるとその周りの空間をゆがめてしまうので、空間が曲がっているということは、そこにエネルギーが大量にあるということです。それが点になると、エネルギーは無限大になってしまいます。

電子や陽子などの粒子が特異点にぶつかると、私たち物理学者は非常に困ってしまいます。なぜなら、ふだん使っている物理法則が役に立たなくなってしまうからです。宇宙に本当に特異点があると、現在の物理法則がすべて破綻してしまってお手上げ、ということになります。

さて、特異点がありそうなところを考えてみると、まず思い浮かぶのがブラックホールの中心です。ブラックホールは光さえも逃れることのできない暗黒の天体で、その中心は特異点であると言えます。それからもう一つは、宇宙の始まりといわれているビッグバンです。現在の宇宙はどんどん大きくなっているので、昔に遡るほど宇宙は小さくなっていきます。どんどん小さくしていくと最後はグシャッとつぶれて点になってしまいますから、エネルギーも無限大になって物理法則が適用できず困ったことになります。

宇宙を考える上でブラックホールとビッグバンをどのように扱ったらいいのか？　これは物理学者が悩んでいることの一つです。

見えないブラックホールが「ある」となぜわかる？

まずはブラックホールの話から始めましょう。ブラックホールは光さえも逃れることができない、非常に奇妙な、怖いイメージの天体です。図６・１は単なるイメージですが、私たちのいる天の川

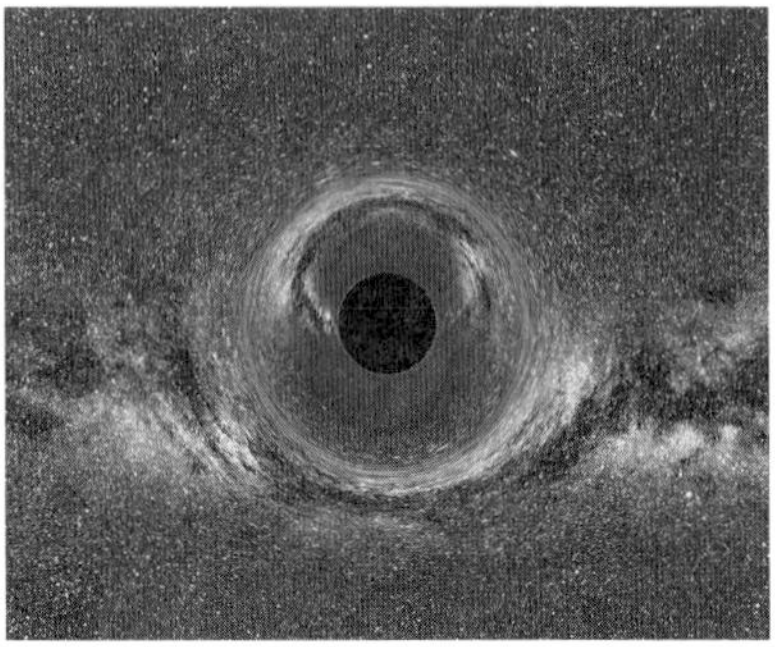
図6・1　ブラックホールのイメージ
(Courtesy Wikimedia)

銀河の上にもしブラックホールがあったらこのように見えるのではないかという図です。この図が言わんとしていることは以下の2点です。

①ブラックホールからは光が出てこられないので、ブラックホール自身は見えず、真っ黒である。

②ブラックホールの周りがレンズで見たかのように非常にゆがんで見える。

ブラックホールは周りの空間をねじ曲げてしまうので、光すら曲げられて引っ張られて落ち、真っ直ぐに進めなくなります。だから、ブラックホールの周りはすごくゆがんで見えるはずです。実は、天の川銀河の真ん中には本当にブラックホールがあります。なぜそれがわかるのかということは、後ほど解説します。

そもそも、なぜブラックホールなどというものがあるのでしょうか？　これは「脱出速度」ということを考えるとよくわかります（図6・2）。地球上のある場所に皆さんが立っているとします。そこで真横に向けて思いっきりボールを投げます。普通の人にはそれほど速くは投げられないので、すぐ近くにボールが落ちてしまいます。野球選手ならかなり速く投げられるので、遠くまで飛んでいきますが、それでもいずれ落ちてしまいます。野球選手よりもっと速くボールを投げられる大砲を使うと、かなり遠くまで飛んでいきますが、やはりどこかで落ちます。しかし、もしボールがロケットのように非常に速いスピードで飛ぶなら、地球をぐるっと1周回り、そのまま人工衛星のように地球の周りをずっとぐるぐる回り続けます。そしてこれよりももっと速いスピードでボールを飛ばすことができれば、地球の重力を振り切って逃げていくことができます。このときの速度を「脱出速度」と言います。

脱出速度はどのくらいの速さなのでしょうか？　ロケットを打ち上げるのはもちろん大変ですが、地球は惑星の中でもそれほど重くはないので、ほかの星に比べると脱出速度もそれほど必要ありません。計算してみると秒速11㎞くらいになります。星が重い（重力が強い）ほど脱出速度を上げなければ逃げられなくなり、ついには脱出速度が光速と同じになってしまいます。しかし光速より速い速度は絶対にないはずなので、そこまで重い星からは、どうあがいても逃げられません。光の速さでも脱出できないほど重力が強い天体、それがブラックホールなのです。

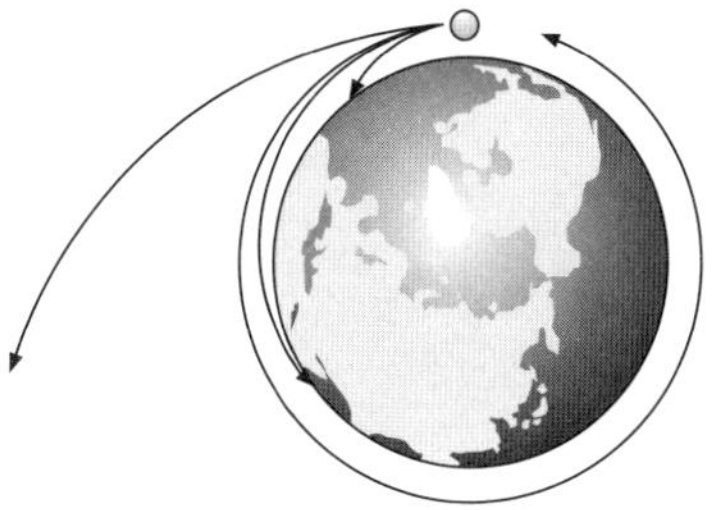

図6・2　脱出速度

実は、ブラックホールは宇宙にわりとたくさん存在します。しかし、ブラックホール自身は見えないのに、なぜそんなことがわかるのでしょうか？

第3章でも触れましたが、太陽の何十倍も大きな星は、寿命が短く、早く燃え尽きてしまうということがわかっています。そして燃え尽きてくるとだんだん燃やすエネルギーがなくなり、自分を支えることができなくなって、最後にはグシャッとつぶれます。こういった星の中でも比較的軽い星の場合は、つぶれた後に超新星爆発という現象を起こして、最後に真ん中の芯に中性子星という星が残ります。太陽と同じだけの重さがわずか半径10㎞くらいに押し込められた、とてつもなく密な星です。このように最後に中性子星が残る星よりもさらに重い星の場合には、つぶれ方があまりに激しいので、中心の芯すら耐えることができず、本当にグシャッとつぶれてしまい、ブラックホールになるのです。

ブラックホールを見ることはできません。しかしブラックホールの周りにたまたま別の星があったという例がいくつかあります。その星が何かの周りをぐるぐる回っている様子が見え、この「何か」の重さを計算してみるとものすごく重いのです。そこで「これはブラックホールに違いない」という結論に至りました。また、天の川銀河の中心には星がたくさん集まっていますが、そのさらに真ん中に巨大なブラックホールがあることがわかっています。望遠鏡を使って天の川銀河の写真を撮ると、黒い部分がたくさん見えます（図6・3）。この部分には星がないのではなく、塵で隠れているため向こう側が見えないのです。しかし赤外線を使うと、塵のさらにその先も見えるようになります。これはラジオと全く同じ原理です。ＦＭラジオを聴きながら車を運転していて、大きな建物や橋のそばを通るとき聴こえなくなった経験のある方は多いと思います。そのときＡＭラジオなら受信できたのではないでしょうか？　ＡＭラジオの電波は建物や橋を回り込んで届くからです。それと全く同じ仕組みで、赤外線は塵を回り込んで奥まで届くので、可視光では見えない星も観測できるのです。

　さて、赤外線を使って銀河系の中心の観測を続けると、一つひとつの星が動いていることがわかります。それらの星の運動を何年間にも渡って観測し続けると、ある星が銀河の真ん中に近づいていくと、あるところでギュンと大きく曲がるのが見つかりました。これは、非常に強い重力の影響を受けたためです。この観測から、銀河の真ん中に非常に重い天体、すなわちブラックホールがあることがはっきりしました。

　このときに観測していた星はブラックホールのすぐ側まで動く星で、ブラックホールとの距離は太陽系より小さいくらいです。これをその後16年間にわたって追い続けると、太陽と海王星との距離くらいまでブラックホールに接近し、ギューッと引っ張られて速くなり、突然ギュンと曲がって元に戻っていきます。現在は、実際に赤外線を使って何年間も観測を続けていくとこのような現象を見ることができるという、とても

図6・3　天の川銀河
レーザーが示しているのは天の川銀河の中心。(Image courtesyYuri Beletsky (ESO))

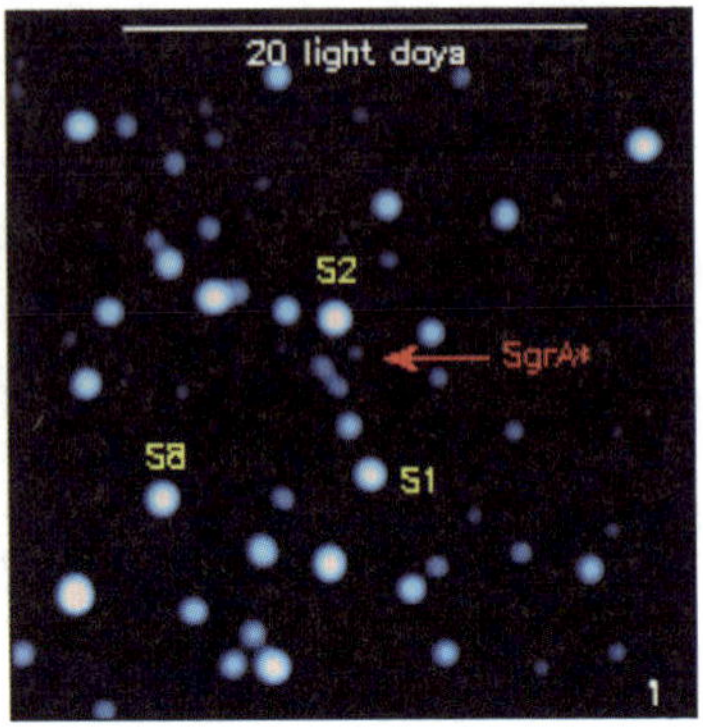

図6・4　天の川銀河の中心のブラックホール
（© Infrared and Submillimeter Astronomy Group at MPE）

おもしろい時代です。その結果、私たちの住んでいる銀河の真ん中には太陽の約400万倍もの重さの非常に重いブラックホールがあることがわかりました。こう聞くとものすごく重いもののように思えますが、ほかの銀河にはこれよりもっと重いブラックホールがたくさんあることもわかっています。図6・4の中心のSgnA*と示してあるところが、天の川銀河の中心のブラックホールです。基本的に、銀河系の中にはブラックホールがあって、普通の星の数百万倍、ものによっては数百億倍という重さのものも見つかっています。

ブラックホールは周囲のものを飲み込んでしまい、飲み込まれたものは絶対に出てこられないという気味の悪い天体です。飲み込まれたものはいわば断末魔の叫びを発して光ります。このようなことがときどき起こるのも観測することができます。私たちの銀河系の中にあるブラックホールは、たまにものを飲み込んで光る程度で、わりとおとなしいのですが、よその銀河系にはもっと活動が激しいブラックホールがあることがわかっています。そういうものを、「アクティブな銀河の中心の核である」という意味で Active Galactic Nucleus（活動銀河核）といいます。これは、周りにある物質を常に飲み込んでいて、中に吸い込んだときその反動でガスのジェットが出てきます（図6・

5）。噴き出しているジェットはX線で観測できるので、私たちはよその銀河のブラックホールも見ることができます。宇宙を望遠鏡で見るとき、遠くへ行くほど暗いものが見えず、明るいものしか見えなくなります。宇宙のずっと遠く、100億光年先というところに見える「クェーサー」という天体は、ブラックホールから出ているジェットだと考えられています。100億光年向こうということは100億年前の昔が見えているということで、宇宙の年齢は137億歳ですから、これは宇宙がまだ若い頃に起こった現象です。銀河の赤ちゃんのようなものがブラックホールに成長して周りのものをどんどん飲み込んでいき、その力で光っているのです。

ブラックホールは私たちの銀河の中にも、隣の銀河にも、100億光年彼方にもあって、どれも周りの物質を飲み込んでいます。だから「ブラックホールは怖いもの」というイメージが持たれ、「冷たい死の天体」と言われているのです。

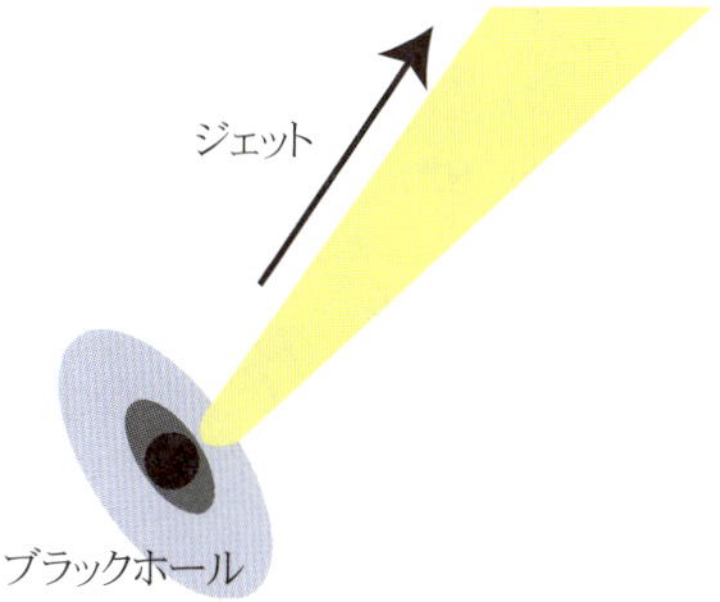

図6・5　活動銀河核
ガンマ線がたくさん出ているため、光って見える。

ブラックホールの真ん中は宇宙の特異点？

物質がいったんブラックホールの中に入ると二度と出られません。その中心は宇宙の特異点になっています。ブラックホールの中心は空間のねじれ方が無限大になっています。先ほど述べたように、「無限大にねじれている」などという特異点が本当にあると、物理学者はお手上げとなってしまいます。ところが都合の良いことに、このことは問題ないということがわかってきました。

ブラックホールの中と外ははっきりと区切られています。外のものはブラックホールに近づいても理論上は逃げてくることができます。一方、一度中に入ったものは絶対に出られないわけですから、中と外にははっきり区別があります。その境界を「事象の地平線」と呼んでいます。外にいる私たちからはブラックホールの中は決して見えません。中に特異点があるのかもしれませんが、絶対に観測できないのです。だからどんな物理の実験を行っても、実際に特異点が問題になることはないということになります。

このような考え方を「コスミックセンサシップ（cosmic censorship）」といいます。日本語に無理矢理訳してみると「宇宙検閲仮説」という変な言葉になりますが、要するに「宇宙というのはうまくできていて、特異点が見えるようにはなっていない」という仮説です。宇宙は自分で自分自身を検閲して、検閲を通ったものしか私たちに見せないのです。ブラックホールの特異点は事象の地平線の向こうに隠れていて、物理法則にほころびが出ないようになっているので問題ないということです。しかしここで困ったことがまた起きてしまいました。

ブラックホールはやがて蒸発してなくなってしまう？

ブラックホールは死の暗黒の天体であると考えられていましたが、ホーキング博士が１９７４年に「実はブラックホールには熱がある」と言い出しました。熱があるということは、わずかながら熱を放射し続けている、つまりエネルギーを失っているということなので、最後は蒸発して無くなるということです。これは物理学者を困らせました。ブラックホールは事象の地平線の向こうに隠れていてくれたので特異点を考えなくても良かったわけですが、蒸発してなくなると特異点が出てきてしまう可能性があります。これは非常に心配です。

そもそもホーキング博士はなぜこのようなことを言い出したのでしょうか？　ここからは、第２章のおさらいになりますが、ホーキング博士が使ったのはミクロの世界を考えるときに非常に大事な「量子力学」です。このミクロの世界では、「不確定性関係」という奇妙なことが起こり、エネルギーの保存則を少し破ってもかまわないということでした。ただし本当にエネルギーの保存が破れてしまってはいろいろと変なことが起きるので、完全に破れることはなく、破れてもすぐ修復します。この場合はエネルギーを少し前借りしても、見つかる前に返してしまえばよいという考えです。エネルギーは後できちんと返すのであれば、途中で少し借りてもよい。ただしたくさん借りれば借りるほど早く返さなくてはならないというルールがあります。

エネルギーを借りると、粒子と反粒子のペアをつくることができます。すべての粒子には物質・反物質のペアがあります。全く何もないと思われていた真空中でも、実は粒子と反粒子がつくられており、その分エネルギーが必要になります。アインシュタインの相対性理論の$E=mc^2$という式は、重さがmのものを作ろうとするとmc^2のエネルギーがかかるということです。粒子と反粒子をペアで作るためには、2個分の2mc^2のエネルギーを借りなければなりません。しかしたくさんエネルギーを借りたらそのぶん早く返さなくてはならないので、物質と反物質のペアができると$\Delta t \gg h/(2mc^2)$（第2章表2・1参照）の時間の間に消滅します。本当にこういうことが起こっているということは実験的に確かめられているので、疑いの余地はありません。

さて、ブラックホールの事象の地平線のすぐそばで、粒子と反粒子のペアができたとしましょう。できたときはエネルギーを借りています。しかし、粒子と反粒子のうちの一つをブラックホールの中に落としてしまうと、落ちながらエネルギーを放出するので、それを使って「借り」を返すことができます。もう一つの粒子は、ペアの粒子がないため消滅せずに、事象の地平線から放出されます。これを絵に示したものが図6・6です。粒子だけではなく光などのいろいろなものが出てきます。ホーキング博士は暗黒の天体だと思われていたブラックホールから、実は少しずつものが噴き出しているんだと発見しました。これを「ホーキング輻射」と呼んでいます。

では、ブラックホールはどのくらいの時間が経つと蒸発してしまうのでしょうか？　普通のブラックホールを考える限りは、あまりに長い時間なので気にならないレベルです。ブラックホールは重いほど温度が低いということがわかっていて、太陽と同じ重さの場合、温度が絶対零度から1000万分の1℃くらいしかありません。このように非常に冷たいので、少しずつ熱が出ているとはいっても十分熱を出し切ってブラックホール自身がなくなるまでの時間は膨大なもので、なんと10^{67}年です。ですから、普通の人は気にする必要はありません。しかし物理学者は理論的な問題を非常に気にするので、蒸発した後には何が残るのかということを調べます。

これはとても難しい問題です。重力が非常に強い場所で、ミクロの世界で使われる量子力学を使う理論をまじめに研究しようとすると、なかなか良い答えが出てきません。そのため、重力と量子力学を統一する理論を一生懸命考えた人たちがいます。その結果生み出されたのが「ひも理論」です。第2章でも述べましたが、粒子は粒ではなく、実は一つひとつがゴムひものように広がったものである――あまりに小さなゴムひもなので粒だと思っていたけれども、本当はひもなのだという考え方です。

このひも理論を使うと、いろいろとおもしろいことを考えられます。私たちは生まれたときから3次元空間に住んでいるのでふだん不思議なことと思っていませんが、「なぜ世界は3次元なんだろう」と考えた

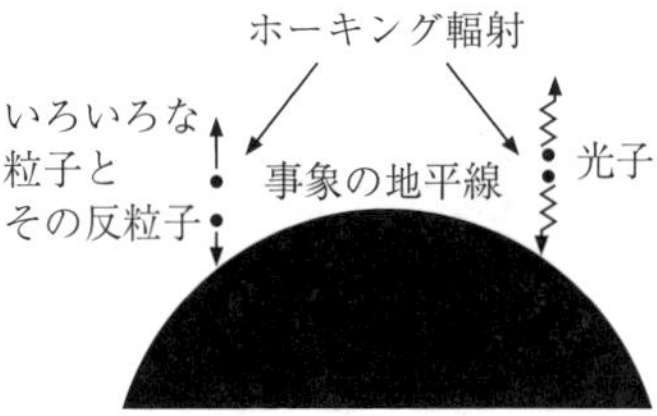

図6・6　ホーキング輻射

ことはありませんか？　考えてみるとなかなか不思議です。私たちは本当に3次元という決まった次元の空間にいるのでしょうか？

ひも理論の専門家によると、私たちのいる空間は9次元で、そのうち3つの次元だけが大きく、残りの6次元は非常に小さく丸まってしまったために見えないのだそうです。すると、ブラックホールにも実はあと6つの次元がくっついているはずです。その中でどういうものが運動しているのかを計算すると、確かにホーキング博士の言うとおりブラックホールに熱があることがわかってきました。ＩＰＭＵの大栗博司主任研究員が、このような研究を行っています。

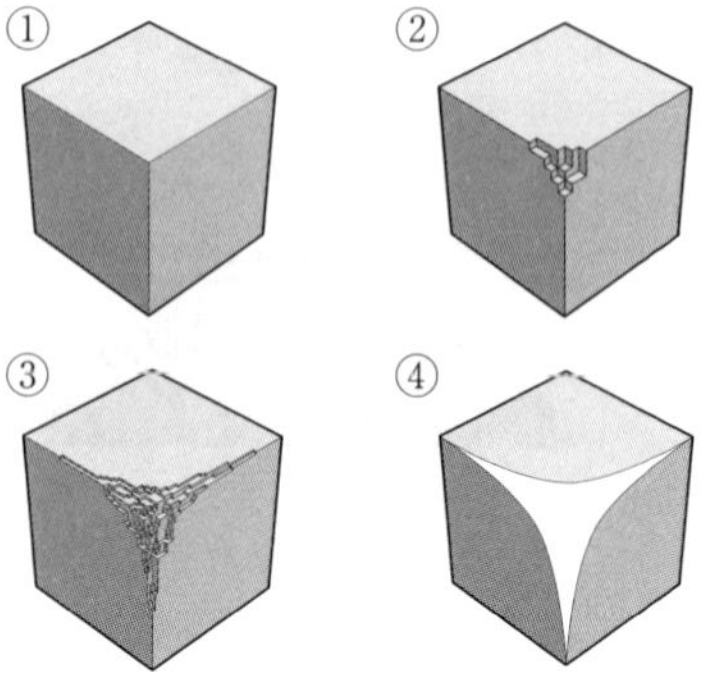

図6・7　ブラックホールができる様子
氷が融ける様子に似ている。

大栗さんの使った手法は非常に奇妙で、ブラックホールができる様子を調べるのに、立方体の結晶を考えるというものです。これは、氷のように温めるとカドから融けていき、最終的には滑らかな表面になります（図6・7）。この様子の計算とブラックホールの熱の計算が全く同じであることを示しました。

その結果、確かにブラックホールの持っている熱は、9次元から3次元を除いた残り6次元の空間の自由度から来ており、ブラックホールの蒸発は全く不思議なことではないという結論で決着がつきました。ただしブラックホールは蒸発しても、その後に特異点は現れません。蒸発する瞬間に、中にあった特異点も一緒にきれいになくなります。原理的には、ブラックホールに飲み込まれた情報は蒸発しながらすべて取り出すことができるのだと考えられています。これは理論的な話なので実際に検証することは難しいのですが、少なくとも論理的な矛盾がないことがはっきりしました。

ブラックホールは、その中心に特異点が存在する気味の悪い天体ですが、調べていくと論理的には特異点は現れず、物理学としては何も問題がないという結論です。ただし、物理学として論理的に問題がないということと、私たちが近くにいたら飲み込まれるということは全くの別問題です。ブラックホールには近よらないことにしましょう。

空間に端はあるか？

ここで、「空間に端はあるか?」ということについて述べます。ひも理論では6つの次元が小さく丸まっているといいます。ではどのように丸まっているのでしょうか?

「異次元は実際にある」というのがひも理論の主張です。異次元と聞いて私がすぐに思い出すのが、子供の頃にテレビで観た「ウルトラマンシリーズ」です。異次元宇宙人というのが出てきて、非常にぼやけた映像で「この宇宙人はいったいどこにいるのだろう?」と思ったことがありました。本当の異次元はかなり複雑な姿になっていると思われていて、これらは「カラビ・ヤウ多様体」という数学者も頭を抱える複雑な空間です。あまりに複雑なため扱うのが大変なので、これらの空間をほどいて簡単にします。すると、もう少し扱いやすい空間が出てきて、異次元の空間に「端」ができます。端というのはカドのようなもので、これは特異点です。具体的には図6・8のような空間を考えてみます。座布団のような形ですが、この座布団にはカドができていてそこが特異点です。粒子が運動して特異点にぶつかると、現在の物理法則が使えなくなると述べましたが、そこは幸い、これはひも理論の話です。粒子は粒ではなく輪になっているため、ぶつかってもすり抜けることができるので、あまり問題がありません。輪でも引っかかることはあって、

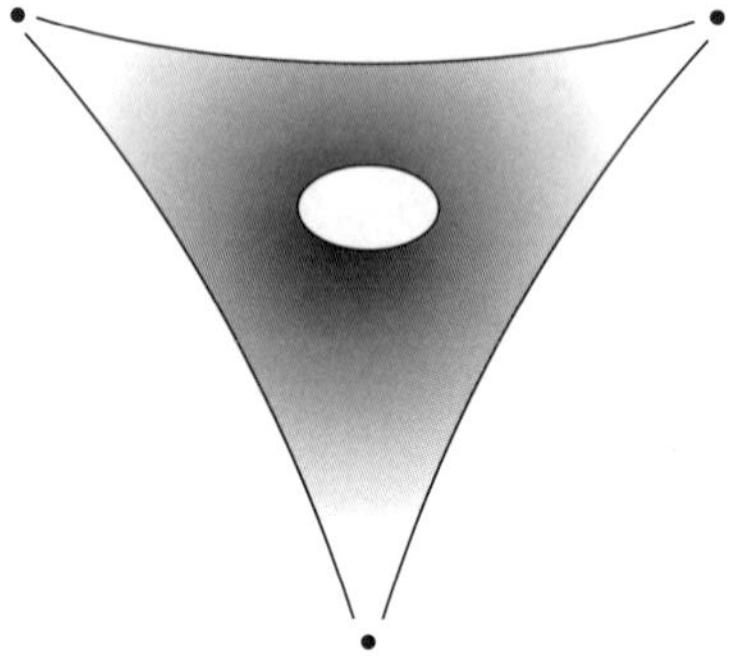

図6・8　特異点

それは考慮しなければならないのですが、「ここに特異点があることはあまり気にならない」というのがひも理論の言っていることで、こういうマイルドな特異点のことを「円錐型特異点」と呼んでいます。

円錐というのはアイスクリームのコーンのような形です。カドがあってとがっていますが、それはマイルドな特異点なので、あまり問題が起きません。こういう特異点は6次元空間のひも理論研究ではよく出てきます。マイルドではない特異点がこのあとで登場するので、それとの対比のため

ここで取り上げました。ここまでは少し寄り道で、これからビッグバンの話に移ります。

ビッグバンは特異点？

宇宙は熱い火の玉のようなもので始まって、それから爆発的に大きくなって、現在の姿になったと言われています。見てきた人がいるわけではありませんが、なぜそのようなことがわかるのかは、第1章で述べました。

ビッグバンまで遡ると、宇宙は無限に小さくなり、エネルギーが無限大の特異点になってしまいます。これをどう扱えばよいのかは、まだわかっていません。ビッグバン自身が何であったのかは、まだわかっていないのです。

ビッグバンが特異点になるのを避けようと考えて研究を続けている人の中に、ビッグバンは文字通りのバン（bang＝ぶつかる）だったのだという説を主張している人がいます。「ひも理論で考えると宇宙には別の次元がある。私たちの3次元の宇宙は、実は異次元の宇宙に向かって動いており、それぞれの両端がガシャンとぶつかって跳ね返った（図6・9）。ぶつかって熱くなったのがビッグバンが熱かった理由で、しかも宇宙はビッグバンで始まった1回きりのものではなく、何度も離れたりくっついたりを繰り返した、いわば輪廻のような世界ではないか」。このような説です。

確かにこのような宇宙であれば、宇宙全体の大きさがゼロになることはないので、特異点を避けることができるかもしれません。しかし、これを証明しようとするとなかなかうまくいきません。ガシャンとぶつかるたびに宇宙がでこぼこになりすぎるからです。特異点がない理論の宇宙を考えようとする研究は行われているのですが、現在のところほとんどの研究グループで難行しています。

一方、非常にうまくいっている考え方の一つが、日本ではＩＰＭＵの佐藤勝彦さんが提唱している「インフレーション宇宙」という考え方です。「宇宙は、始まったときにはとても小さかった。その小さかった宇宙をギュッと引き伸ばす「インフレーション」という時期があったのだ」という考え方です。図6・10は、左端でビッグバンが起き、右側に向かって宇宙が時間経過と共に変化してくる様子を表しています。ビッグバンのすぐあとのインフレーションで急に引き伸ばされたあとは、わりと順調に宇宙が膨張し、１３７億年後に皆さんがこの本を読んでいるというわけです。

この、「宇宙の最初には急に引き伸ばされる時期があったのだ」という考え方は非常に重要です。宇宙が生まれてすぐの頃は非常に小さかったので、量子力学を取り入れる必要があります。すると不確定性関係によって粒子がエネルギーを借りることができ、そのときに少しゆらぎ（でこぼこ）

図6・9　異次元の宇宙にぶつかる

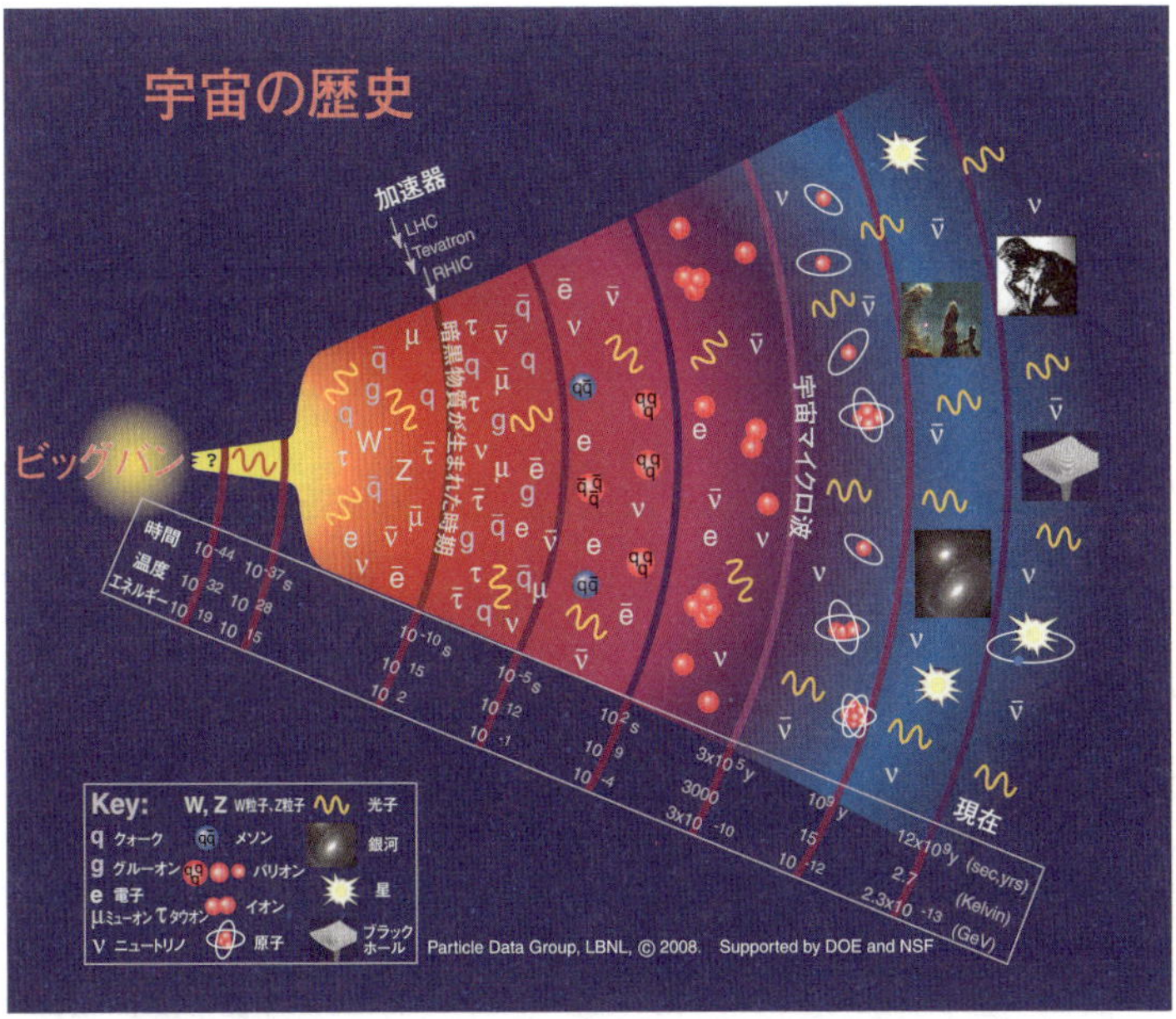

図6・10　宇宙の歴史
(Credit: C. Amsler et al. (Particle Data Group), Physics Letters B667, 1 (2008))

ができます。でも、借りたエネルギーは返さなければならないルールなので、ゆらぎも元に戻るのでは？　もっともな疑問です。インフレーションではあまりに速いスピードで宇宙が大きくなるので、返そうとしても相手がずっと向こうへ行ってしまい、エネルギーを返しそこなってしまうのです。もちろん逆に、貸したエネルギーを取り返せないこともあるので、宇宙全体では貸し借りも帳尻があっています。こうしてでこぼこが残ってしまいました。と言っても大したでこぼこではなく、イメージとしては深さ100mほどの海

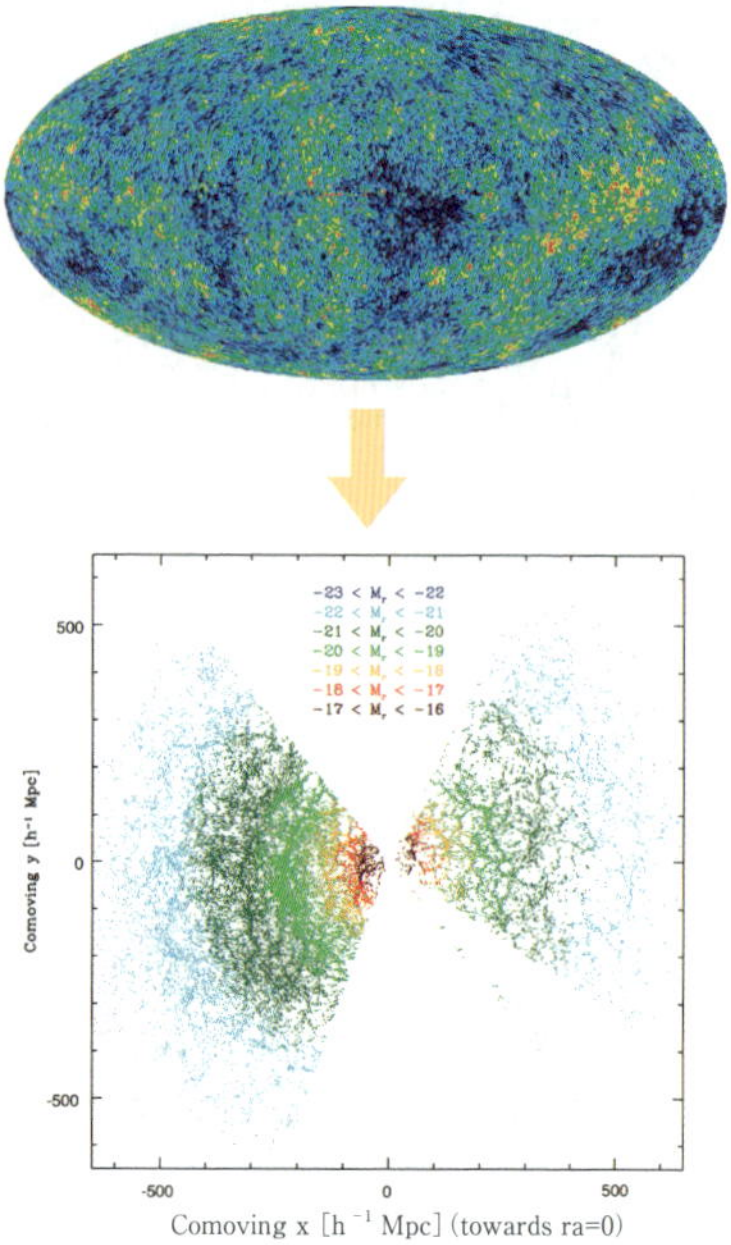

図6・11　宇宙マイクロ波の温度分析
（上・Credit: NASA/the WMAP Science Team ／ 下・Courtesy: Max Tegmark/SDSS Collaboration）

に1㎜ほどのさざ波ができる程度で、ほとんど平らでのっぺらぼうな感じです。図6・11は第1章にも出てきましたが、宇宙のいろいろな方向のマイクロ波を見てみると、ほとんど同じだけれども、場所によって10万分の1くらい温度が違うということを示しています。一度さざ波ができてしまえば、それからだんだん発展していって、現在の宇宙のような構造ができるのだというのがインフレーション宇宙の考え方です。宇宙の始まりでは、引き延ばされる時に量子力学の不確定性関係でできるゆらぎが大事な役割を果たしています。これがなければ銀河も星もできず、私たちも存在しません。つまり私たちはそもそもミクロな量子力学の不確定性関係で生まれたものなのです。「何を変なことを言っているんだ」と思われるかもしれませんが、そう考えてきちんと計算するとデータとピッタリ合います。

これまでにも述べましたが宇宙には暗黒物質がたくさんあることが知られています。このわずかなさざ波を時間を追って見ていくと、暗黒物質の少し濃いところにもっと重力が働いて引きつけられていくので、濃いところはさらに濃くなり、最終的にはくっきりとしたコントラストができます。そしてものがたくさん集まったところに、最終的には銀河などができてきます。暗黒物質がない宇宙では、さざ波が全く成長しません。さざ波に暗黒物質を入れることで、宇宙の構造をつくり出すことができます。つまり、インフレーションと暗黒物質なしに私たちは存在しないのです。

第５章にも登場したコンピュータを使った計算で、本当の宇宙の構造をはっきりと説明できるようになってきました。どうやって銀河ができるかということだけではなく、暗黒物質のかたまりの中に普通の原子が引きずり込まれて最終的には星ができてくるということまで、あらゆる現象をうまく説明できます。ですから異次元の宇宙が衝突を繰り返す理論よりも、インフレーションの理論のほうがデータと合うので、今はほとんどの人がこの説を支持しています。もちろん本当の証拠はまだないのですが。

このように、今のところ異次元の宇宙が衝突を繰り返すという考え方では特異点を避けるための理論はうまくいっていないので、もう少し頑張って特異点を真正面から取り扱う理論を考えるしかないだろうというのが、現在の物理学者の基本的な方向性です。相変わらず物理学者は特異点にはお手上げなのですが、幸いなことに私たちＩＰＭＵでは数学者を巻き込んでいます。数学者は特異点を考えるのが得意です。そこで高等な数学を使ったひも理論で、特異点を解消するということが研究されています。もしかするとひも理論では特異点は全く問題ないのかもしれません。

日本にはフィールズ賞を受賞した数学者の廣中平祐さんがおられます。廣中さんのフィールズ賞の対象となった研究は「標数0の体上の代数多様体の特異点の解消および解析多様体の特異点の解消」です。「何のことかいな？」と思われるかもしれませんが、私にもよくわかりません。けれども、特異点を解消するという研究をされているようですから、これをうまく使わせてもらえないかと期待しています。

まとめです。宇宙に特異点があると物理学者はお手上げです。しかしブラックホールの特異点は常に事象の地平線の内側にあり、検閲済みなので問題ありません。ブラックホールがホーキング輻射で蒸発すると、特異点が出てきてしまうとも考えられましたが、その場合もやはり特異点はきれいに消えて問題はないというところまでわかってきています。しかもひも理論では特異点が扱われる例が実際にあります。

しかし、ビッグバン自身の特異点はまだ問題で、これをどう考えたら良いかという問題には、まだいろいろな人が苦労しているところです。もしかしたら真相は「衝突を繰り返す宇宙」かもしれませんし、ひも理論を使ったり新しい数学を発展させればうまく解明できるのかもしれません。いろいろな人がいろいろなことを考えていますが、まだ本当のところはわかっていないというのが現状です。これからにどうぞご期待ください。

著者紹介

村山　斉　（MURAYAMA Hitoshi）
東京大学ＷＰＩ数物連携宇宙研究機構　機構長　特任教授
米カリフォルニア大学バークレー校　物理教室教授

東京大学理学部物理学科卒業、同大学理学系大学院物理学専攻博士課程修了。理学博士。東北大学大学院理学研究科物理学科・助手、ローレンス・バークレイ国立研究所・研究員、米カリフォルニア大学バークレー校物理学科・助教授、准教授を経て、同大学物理学科・MacAdams 冠教授、米プリンストン高等研究所メンバー、２００７年10月より現職。

専門は素粒子物理学。主な研究テーマは超対称性理論、ニュートリノ、初期宇宙、加速器実験の現象論。現在は文部科学省の世界トップレベル研究拠点プログラムにより発足した東京大学数物連携宇宙研究機構の機構長として、世界第一線の数学者・理論物理学者・実験物理学者・天文物理学者と協調し、各分野の知の融合を通し宇宙の根源的な謎を研究している。

西宮湯川記念賞（２００２）、米物理学会フェロー（２００３）

本書は、次の講演をもとに執筆・再構成いたしました。
第1章　平成21年1月24日　東京大学数物連携宇宙研究機構　一般講演会「宇宙に終わりはあるか」
第2～5章　平成21年3月28日、4月4日　朝日カルチャーセンター横浜教室　「素粒子物理学入門（全2回）」
第6章　平成21年4月25日　第110回（平成21年春季）東京大学公開講座　「特異　―その不思議、危険、そして魅力―」より、「宇宙の特異点、ビッグバンとブラックホール」

本書に記載されている会社名、製品名などは、それぞれ各社の商標、登録商品、商品名です。なお、本文中ではＴＭマーク、Ⓡマークは省略しております。

宇宙に終わりはあるのか？
素粒子が解き明かす宇宙の歴史　Printed in Japan

2010年10月25日　初版第1刷発行
2010年11月30日　初版第3刷発行
著　者　村山　斉　
発行者　藤原　洋
発行所　株式会社ナノオプトニクス・エナジー出版局
〒 162-0843 東京都新宿区市谷田町 2-7-15 ㈱近代科学社内
電話 03（5227）1058　FAX 03（5227）1059
発売所　株式会社近代科学社
〒 162-0843 東京都新宿区市谷田町 2-7-15
電話 03（3260）6161　振替 00160-5-7625
http://www.kindaikagaku.co.jp
印　刷　藤原印刷株式会社

ISBN978-4-7649-5517-2
定価はカバーに表示してあります。